新工科建设之路·计算机类专业精品教材

大学计算机

——混合式学习指导与实验项目指导

编　著　卢　江
主　审　明　洋
主　编　屈立成　刘海英　陈　婷
副主编　吕　进　江代有　李　皎　马　婕

電子工業出版社
Publishing House of Electronics Industry
北京·BEIJING

内 容 简 介

本书是一本将计算机基础实验项目和现代教育技术理论相结合的新形态实验教材，是针对线上线下混合式教学和高校双一流建设的新需求编写而成的，是与卢江、刘海英等主编的教材《大学计算机——基于翻转课堂》和慕课课程“大学计算机——寻找计算之美”配套使用的混合式学习指导与实验项目指导教材。本书是作者在总结多年教学实践经验和吸收多本实验指导教材精华的基础上，融合了现代教育技术理论、混合式教学理论编写而成的。

本书立足课堂教学“三块基石”（问题、活动、评价），围绕学生的学习过程，为学生提供学习指导。本书内容分为五大部分：问题与反思、入学测验与随堂测验、实验项目、混合式教学设计方案、基于 PBL 的混合式教学评价参考量表。

本书学习活动设计基于双 PBL 教学模式，线上教学采用基于问题学习（Problem-Based Learning）教学模式，围绕问题与反思来组织实施，以问题驱动线上学习。线下教学采用基于项目学习（Project-Based Learning）教学模式，围绕实验项目来组织实施，以项目驱动线下学习。

本书适合作为高等院校非计算机专业学生第一门计算机课程的实验用书，也可作为教师实施混合式教学的参考用书。

图书在版编目（CIP）数据

大学计算机：混合式学习指导与实验项目指导 / 卢江编著. —北京：电子工业出版社，2022.9

ISBN 978-7-121-43889-9

Ⅰ. ①大… Ⅱ. ①卢… Ⅲ. ①电子计算机–高等学校–教材 Ⅳ. ①TP3

中国版本图书馆 CIP 数据核字（2022）第 118231 号

责任编辑：孟　宇
印　　刷：北京雁林吉兆印刷有限公司
装　　订：北京雁林吉兆印刷有限公司
出版发行：电子工业出版社
　　　　　北京市海淀区万寿路 173 信箱　　邮编：100036
开　　本：787×1092　1/16　印张：10.25　字数：262 千字
版　　次：2022 年 9 月第 1 版
印　　次：2022 年 9 月第 1 次印刷
定　　价：39.80 元

凡所购买电子工业出版社图书有缺损问题，请向购买书店调换。若书店售缺，请与本社发行部联系，联系及邮购电话：（010）88254888，88258888。

质量投诉请发邮件至 zlts@phei.com.cn，盗版侵权举报请发邮件至 dbqq@phei.com.cn。

本书咨询联系方式：mengyu@phei.com.cn。

前　言

2019年，教育部印发了《关于一流本科课程建设的实施意见》(以下简称《实施意见》)，《实施意见》中提出“建设一流本科课程，树立课程建设新理念，推进课程改革创新，实施科学课程评价”。

混合式教学是将传统面对面教学与在线教学有机结合起来的一种创新的教学模式，是高校教育教学改革的方向，是今后高等教育教学新常态。“如何做好混合式教学的线上线下教学有机融合”以及“如何评价混合式教学的效果”成为广大教育工作者关心的问题。

为适应高校双一流建设和混合式教学的需求，编者编写了本书，希望解决混合式教学中存在的一些问题，帮助学生掌握混合式学习的方法，提升学生的自主学习能力。

➢ **结构说明**

问题、活动、评价是教学设计的基本要素，是课堂教学的“三块基石”。本书立足课堂教学“三块基石”，按照线上、线下学习的结构来组织本书内容。全书共分为五大部分，第一部分是“问题与反思”，针对在线学习，给出引导性问题，以问题化学习和反思式学习模式促进学生探究问题、深度学习与反思。第二部分是“入学测验与随堂测验”，针对课堂前测与后测活动，利用智慧教学工具，以评价的方式检测学生在线学习效果和课堂教学效果。第三部分是“实验项目”，针对《大学计算机——基于翻转课堂》教材各章节内容，以项目式学习方式让学生渐进式地完成实验项目，让学生将理论知识快速应用到现实世界中；实验项目重点围绕数据处理，将数据处理的三种方式用同样的数据连接在一起，为后续程序设计课程的学习打下基础。第四部分是“混合式教学设计方案”，针对混合式教学的理念、活动，以课堂活动方案形式为学生了解、参与混合式教学活动及教师进行混合式教学设计提供参考，帮助师生协作完成混合式教学任务。第五部分是“基于 PBL 的混合式教学评价参考量表”，针对混合式教学及 PBL 教学活动，以量表量规的形式为学生自我评价、小组评价及教师评价提供参考，实现“教有道，学有效”的目的。

➢ **本书特色**

本书以现代教育技术理论和心理学理论为指导，以计算思维和创新能力为教学目标，以计算、数据、算法为实验项目内容的主线，以问题化学习和项目式学习为学习手段，为学生提供了混合式学习支架，帮助学生有效学习，提高课堂学习效率，改善混合式学习效果；为教师提供了混合式教学方案和评价量表量规，方便教师实施混合式教学。本书的教学设计关注学生的学习过程，并采用双 PBL 教学设计，围绕问题、活动、评价来组织实施教学活动。

本书教学活动围绕问题与项目，融合了混合式教学理念、布鲁姆教育学目标分类法、建构主义理论，渐进式、递进式、多层次地安排了 27 个问题、16 个实验项目、20 组随堂测验、4 个混合式教学设计方案、1 个基于问题学习的教学设计方案、10 个评价量表。内容既有创新性和高阶性，又有挑战度，还融入了课程思政元素。其中，16 个实验项目分为基础型、提高型、创新设计型三个层次，教师可按照教学大纲和学生基础知识情况剪裁、分层、组合使用，实施差异化实验教学，让不同基础的学生完成不同的实验项目，并给予不同的评价权重。

➢ **送给学生**

混合式学习方式对于新进入大学的学生来说，是一种挑战，学生刚开始会不适应。这时需要学生尽快转变观念，适应新的学习方式。混合式学习方式将会给学生带来新的学习体验，它会提高学生的学习成绩和认知水平，也会提高学生的自主学习能力、探究能力、小组合作能力、学术基本能力、批判性思维能力和创新能力，为学生迎接未来其他课程的挑战打下良好的基础。

在混合式学习中，学生需要自主完成线上学习任务，探究问题与反思问题；线下学习要与小组成员共同完成项目式学习任务。因此，在混合式学习中，学生在教师的指导下要学会自我管理、制定学习计划、加强学习自律性、掌握 PBL 学习方式。本书在附录中提供了往届学生的学习经验与反思总结，供读者参考借鉴。

实验是一种认知加工的过程。完成本书提供的实验项目，可提高学生的计算思维能力和利用计算机求解问题的能力。本书中的实验项目给出的操作提示仅供参考，读者不要受其束缚，完成实验项目的方法有很多，关键是要抓住重点，拓展思路，提高自身分析问题和解决问题的能力。

➢ **送给教师**

混合式教学设计对于教师来说也是一种挑战，在混合式教学实施过程中，要关注学生的学习过程和学习中遇到的问题。教学设计要围绕学生的学习过程来开展，通过对学生学习过程的支持来达成教学目标。本书中提供的混合式教学方案样例、评价量表及附录内容仅供参考，教师可根据教学实际情况进行设计。教师可根据学生情况对 16 个实验项目进行分层、组合，让不同学习基础的学生完成不同的实验项目，但应要求学生至少完成 5 个实验项目。另外，项目式学习不是教师设计一个项目让学生去做，而是让学生以做项目的方式来学习。

在基于问题学习的教学模式中，教师要围绕问题与反思来组织、实施教学活动，还可以强调和补充对学生批判性思维和科学精神的培养。在基于实践的项目式学习中，要注重培养学生问题求解的能力，可以对学生进行向上引导，这样不仅可以培养学生分析问题和解决问题的能力，还可以引导学生关注社会民生，并从中发现问题、凝练问题，再利用自身的计算机问题求解能力和计算思维能力来分析问题和解决问题，从而真正将计算思维内化为发现和解决实际问题的一种思维习惯。

➢ **分工与致谢**

本书是集体智慧的结晶，参与本书编写的人员有卢江、明洋、屈立成、刘海英、陈婷、吕进、江代有、李皎、马婕。在编写本书的过程中，还得到了上海交通大学“好大学在线”运行主管、混合式教学创新者联盟创始人苏永康老师和华南师范大学教育信息技术学院教育技术学专业尹睿老师的帮助与指导，同时也得到了西安交通大学吴宁老师和南京大学金莹老师等同行的帮助与指导，在此一并表示感谢!

本书编写的目的是适应混合式教学的开展，在教材改革方面做了一些尝试，改变了传统实验教材的编写模式，希望对实施混合式教学的教师有一定参考价值，也希望更多教师参与到混合式教学的改革与实施中，并提出宝贵意见，您的宝贵意见请发至编者邮箱 lujiang@126.com，在此表示感谢！

本书在编写过程中，参考了大量文献资料，在此向这些文献资料的作者及出版社深表感谢。

教材建设是一项系统工程，需要在实践中不断加以完善及改进，由于时间仓促，加之编者水平有限，书中难免存在疏漏和不足之处，敬请同行专家和广大读者给予批评和指正。

编者

2022 年 3 月

目　　录

第1部分　问题与反思

现代认知心理学认为，问题是指在信息和目标之间有某些障碍需要加以克服的情境。任何一个“问题”都是由“给定”、“目标”和“障碍”这三个成分有机地结合在一起的。因此，教学中的“问题”既包含了学生学习的信息，又包含了期待的学习结果、“障碍”的克服（问题解答），同时表现为一种学习过程或认知程序。

“问题”是激发思考的“通道”。有了问题，就有了思考的起点和探索的方向。质疑、解疑、释疑的过程就是学生对知识理解的过程。“问题”还是实现教学目标的“桥梁”，因为问题具有定向的功能，有效的问题往往具有一定的指向，这个指向就是通往教学目标的“桥梁”。

问题化学习就是通过系列问题来引发学生持续性学习行为的活动，它要求学习活动以学生对问题的自主发现与提出为开端，用有层次、结构化、可扩展、可持续的问题贯穿于学习过程，并整合各种知识，通过对系列问题的解决，实现学习的有效迁移，进而实现知识的连续建构。

问题化学习是一种学习行为、学习过程与学习方式，它的基本立足点是学生在教师的引导下自主发现问题、提出问题与解决问题。

尽管问题化学习以问题作为线索、以方法来推动学习，但它不仅指向问题的解答，还指向学生的高阶思维能力。这就意味着，问题化学习不仅体现在师生“问答”方式上，还体现在复杂多样的学习方式上。问题化学习方式包括“基于问题的学习”（Problem-Based Learning，PBL）中的一些方法。

PBL是世界各国广泛采用的新型教育模式之一，该模式强调把学习设置到有意义的真实问题情境中，通过学生的自主探究与合作来解决问题，让学生探究隐含在问题背后的知识，有助于培养学生创造性解决问题的能力。

反思是指学生主动、全面和细致地探究自己的学习活动、学习细节、学习策略和学习结果的过程，是引导学生进行批判性思维的另一种方式。在批判性思维中，对一个事物的“批判”，其实是指主动地审视、分析该事物，并分析“批判”的理由是否合理。

学生在学习活动结束后，先反思自己的学习过程和结果，例如，学到了什么、是否达到了学习目标、学习中有什么问题、学习方法是否得当等，然后通过分析、假设等方法界定问题，再通过搜索、探究、小组讨论等方式找到解决问题的对策，最后通过实践来验证采用的策略是否正确。若正确，则进入总结提高阶段；若不正确，则进入反省阶段，并开始新的学习周期。

反思性学习的整个过程是学生自主活动的过程，以追求自身学习的合理性为动力，进行主动的、自觉的、积极的探究。反思性学习是一种复杂的、探究的、理性的学习活动，它以“学会学习”为目的，既关注学习的直接结果，又关注间接结果，即学生当前的学习成绩和学生自身未来的发展。学生通过反思问题及解决问题的过程进行全面的分析和思考，从而深化对问题的理解，优化思维过程，揭示问题本质，探索一般规律，发现知识间的相互联系，促进知识的同化和迁移，进而产生新的发现。

本部分设计的目的是期望通过系列问题来引发学生持续性的学习行为活动，通过学生对系列问题的解决，提升学生对理论知识的掌握；通过后续的实验项目，达到知识有效迁移的目的，实现知识的连续建构。

解决问题是一个认知加工过程，需要引用先前的知识。在解决问题的过程中，先前知识对解决问题的过程具有很大影响，解决问题者需要打破起始状态和目标状态之间的障碍。

反思的过程是元认知的过程，也是解决问题的过程。反思性学习是一个循环的过程，需要学生多次尝试，这与计算机求解问题的过程类似，计算机求解问题的过程就是提出问题、建立数学模型、设计算法、编程运行调试的过程。

反思性学习是一种依赖群体支持的个体活动，是一种合作互动的社会实践和交流活动。学生在反思过程中，如果有同伴指点或与同伴合作，会加深对知识的理解，反思的效果也会更好。因此，在教学过程中，教师要做好教学设计，多为学生创造相互交流和讨论的机会。教师可组织学生进行小组学习、合作学习等，以改善学生的反思效果。

本部分设计的问题与本书配套的 MOOC 视频一致，问题的答案可通过学习 MOOC 视频来获得。本部分内容起到抛砖引玉的作用，引发学生通过不断地发现问题和解决问题来学习、探究隐含在问题背后的知识，学会解决问题的技能及提高自主学习的能力。另外，通过本部分内容可以提高学生的学习自主性、发展性和创造性。

本部分的学习方式包括：小组合作式学习、探究性学习、问题化学习和反思式学习。

问题与反思 1　计算、计算机与计算思维

一、探究性学习

➢ 小组活动：小组分工合作，学习并讨论以下问题。

➢ 讨论记录：记录小组讨论的主要观点，推选代表在课堂上简单阐述小组观点。

➢ 评分规则：若小组汇报得 5 分，则小组汇报代表得 5 分，并根据其他成员的贡献多少，分别得 4 分、3 分等，依此类推。

1．初级问题：什么是计算？

2．中级问题：什么是计算模型？

3．高级问题：什么是计算思维？

二、321 模式学习反思表

在学习完本章的内容后，反思自己的学习过程和学习结果，在下面反思表中填写相应内容。

3	本章我学到的三个知识点是：
2	本章我要问的两个问题是：
1	本章我想深入学习的一项内容是：

三、绘制思维导图

以本章标题为一级标题，上述三个问题为二级标题，画出本章主要知识点的思维导图，参考结构如下。

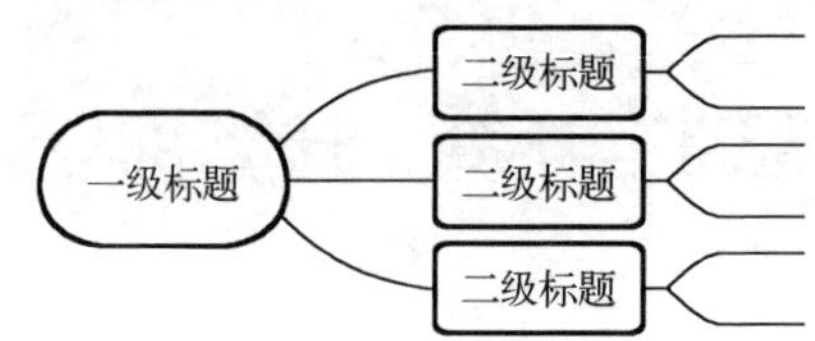

问题与反思 2　计算机系统概述

一、探究性学习

➢ 小组活动：小组分工合作，学习并讨论以下问题。

➢ 讨论记录：记录小组讨论的主要观点，推选代表在课堂上简单阐述小组观点。

➢ 评分规则：若小组汇报得 5 分，则小组汇报代表得 5 分，并根据其他成员的贡献多少，分别得 4 分、3 分等，依此类推。

1．初级问题：什么是计算机？

2．中级问题：硬件和软件的区别是什么？

3．高级问题：计算机的三大原则是什么？

二、321 模式学习反思表

在学习完本章的内容后，反思自己的学习过程和学习结果，在下面反思表中填写相应内容。

3	本章我学到的三个知识点是：
2	本章我要问的两个问题是：
1	本章我想深入学习的一项内容是：

三、绘制思维导图

以本章标题为一级标题，上述三个问题为二级标题，画出本章主要知识点的思维导图，参考结构如下。

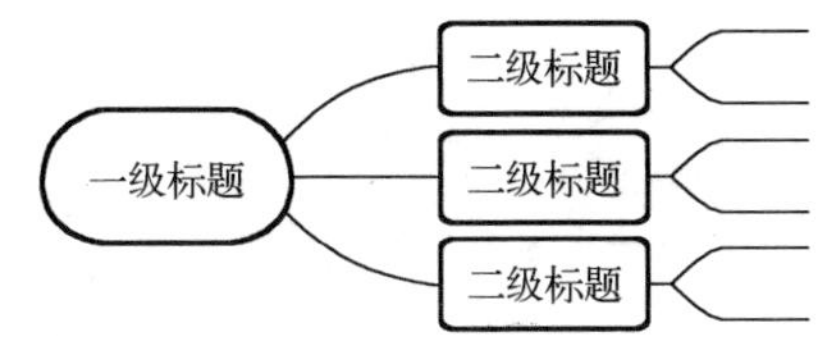

问题与反思 3 操作系统基础

一、探究性学习

➢ 小组活动：小组分工合作，学习并讨论以下问题。

➢ 讨论记录：记录小组讨论的主要观点，推选代表在课堂上简单阐述小组观点。

➢ 评分规则：若小组汇报得 5 分，则小组汇报代表得 5 分，并根据其他成员的贡献多少，分别得 4 分、3 分等，依此类推。

1．初级问题：什么是操作系统？

2．中级问题：为什么要有操作系统？

3．高级问题：操作系统有什么功能？

二、321 模式学习反思表

在学习完本章的内容后，反思自己的学习过程和学习结果，在下面反思表中填写相应内容。

3	本章我学到的三个知识点是：
2	本章我要问的两个问题是：
1	本章我想深入学习的一项内容是：

三、绘制思维导图

以本章标题为一级标题，上述三个问题为二级标题，画出本章主要知识点的思维导图，参考结构如下。

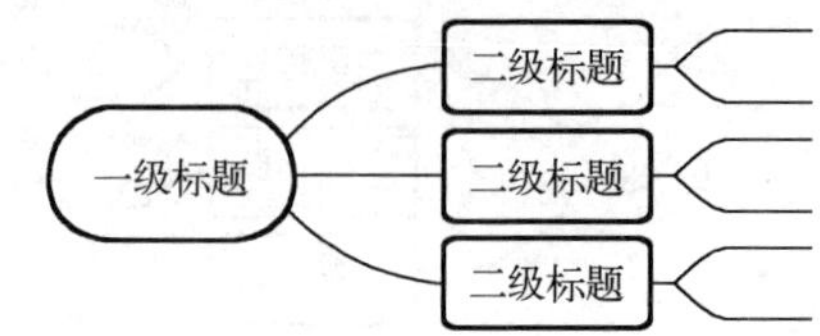

问题与反思 4　信息与编码

一、探究性学习

➢ 小组活动：小组分工合作，学习并讨论以下问题。

➢ 讨论记录：记录小组讨论的主要观点，推选代表在课堂上简单阐述小组观点。

➢ 评分规则：若小组汇报得 5 分，则小组汇报代表得 5 分，并根据其他成员的贡献多少，分别得 4 分、3 分等，依此类推。

1．初级问题：什么是信息?

2．中级问题：信息在计算机中是如何表示的?

3．高级问题：信息在计算机中是如何被处理的?

二、321 模式学习反思表

在学习完本章的内容后，反思自己的学习过程和学习结果，在下面反思表中填写相应内容。

3	本章我学到的三个知识点是：
2	本章我要问的两个问题是：
1	本章我想深入学习的一项内容是：

三、绘制思维导图

以本章标题为一级标题，上述三个问题为二级标题，画出本章主要知识点的思维导图，参考结构如下。

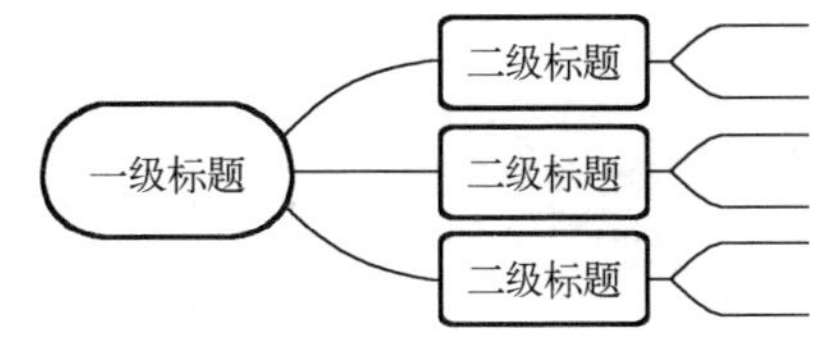

问题与反思 5　数据处理与呈现

一、探究性学习

➢ 小组活动：小组分工合作，学习并讨论以下问题。

➢ 讨论记录：记录小组讨论的主要观点，推选代表在课堂上简单阐述小组观点。

➢ 评分规则：若小组汇报得 5 分，则小组汇报代表得 5 分，并根据其他成员的贡献多少，分别得 4 分、3 分等，依此类推。

1. 初级问题：什么是数据？

2. 中级问题：什么是数据处理？

3. 高级问题：数据处理有哪几种方法？

二、321 模式学习反思表

在学习完本章的内容后，反思自己的学习过程和学习结果，在下面反思表中填写相应内容。

3	本章我学到的三个知识点是：
2	本章我要问的两个问题是：
1	本章我想深入学习的一项内容是：

三、绘制思维导图

以本章标题为一级标题，上述三个问题为二级标题，画出本章主要知识点的思维导图，参考结构如下。

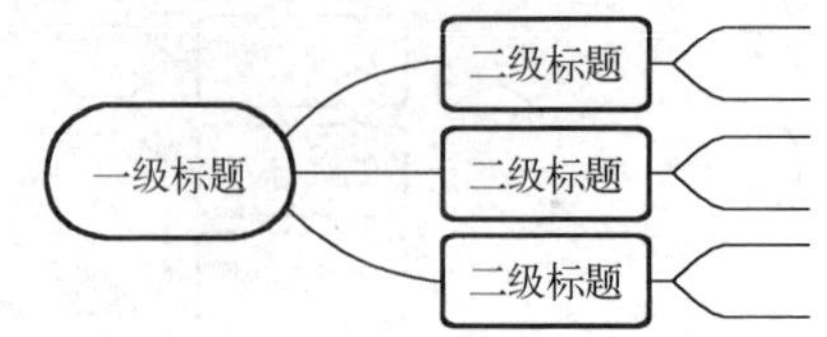

问题与反思 6　数据组织与管理

一、探究性学习

➢ 小组活动：小组分工合作，学习并讨论以下问题。

➢ 讨论记录：记录小组讨论的主要观点，推选代表在课堂上简单阐述小组观点。

➢ 评分规则：若小组汇报得 5 分，则小组汇报代表得 5 分，并根据其他成员的贡献多少，分别得 4 分、3 分等，依此类推。

1．初级问题：什么是数据结构？

2．中级问题：什么是数据库？

3．高级问题：什么是数据库管理系统？

二、321 模式学习反思表

在学习完本章的内容后，反思自己的学习过程和学习结果，在下面反思表中填写相应内容。

3	本章我学到的三个知识点是：
2	本章我要问的两个问题是：
1	本章我想深入学习的一项内容是：

三、绘制思维导图

以本章标题为一级标题，上述三个问题为二级标题，画出本章主要知识点的思维导图，参考结构如下。

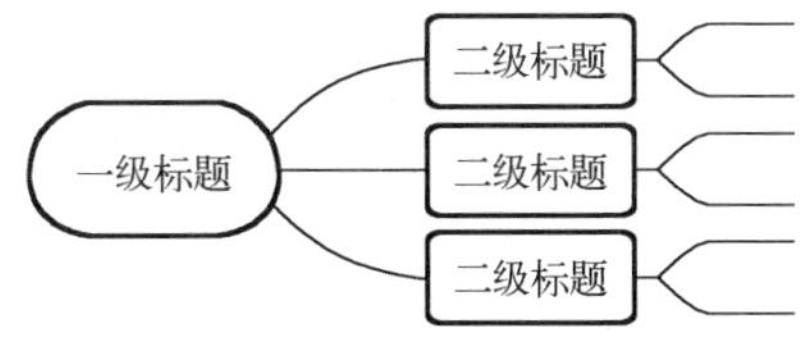

问题与反思 7　算法与程序设计

一、探究性学习

➢ 小组活动：小组分工合作，学习并讨论以下问题。

➢ 讨论记录：记录小组讨论的主要观点，推选代表在课堂上简单阐述小组观点。

➢ 评分规则：若小组汇报得 5 分，则小组汇报代表得 5 分，并根据其他成员的贡献多少，分别得 4 分、3 分等，依此类推。

1．初级问题：什么是算法？

2．中级问题：什么是算法设计？

3．高级问题：什么是程序设计？

二、321 学习模式反思表

在学习完本章的内容后，反思自己的学习过程和学习结果，在下面反思表中填写相应内容。

3	本章我学到的三个知识点是：
2	本章我要问的两个问题是：
1	本章我想深入学习的一项内容是：

三、绘制思维导图

以本章标题为一级标题，上述三个问题为二级标题，画出本章主要知识点的思维导图，参考结构如下。

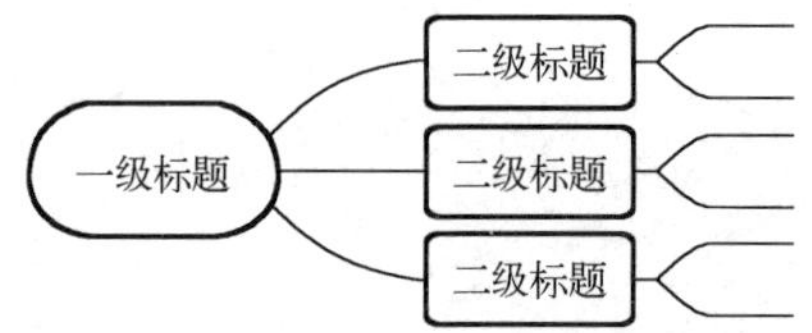

问题与反思 8　计算机网络概述

一、探究性学习

➢ 小组活动：小组分工合作，学习并讨论以下问题。

➢ 讨论记录：记录小组讨论的主要观点，推选代表在课堂上简单阐述小组观点。

➢ 评分规则：若小组汇报得 5 分，则小组汇报代表得 5 分，并根据其他成员的贡献多少，分别得 4 分、3 分等，依此类推。

1．初级问题：什么是计算机网络？

2．中级问题：如何连接计算机网络？

3．高级问题：信息在计算机网络中是如何传输的？

二、321 学习模式反思表

在学习完本章的内容后，反思自己的学习过程和学习结果，在下面反思表中填写相应内容。

3	本章我学到的三个知识点是：
2	本章我要问的两个问题是：
1	本章我想深入学习的一项内容是：

三、绘制思维导图

以本章标题为一级标题，上述三个问题为二级标题，画出本章主要知识点的思维导图，参考结构如下。

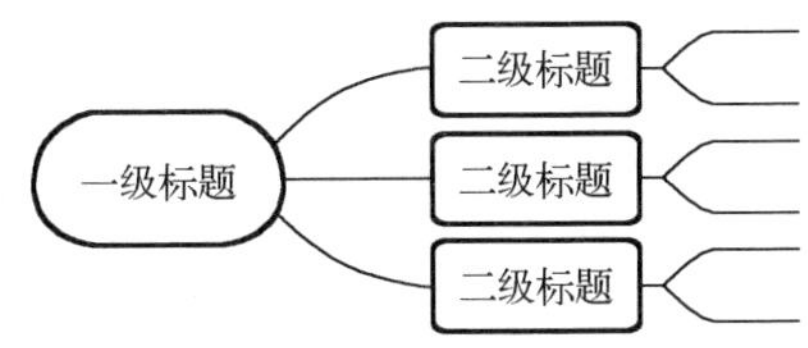

问题与反思 9　Internet 的服务与应用

一、探究性学习

➢ 小组活动：小组分工合作，学习并讨论以下问题。

➢ 讨论记录：记录小组讨论的主要观点，推选代表在课堂上简单阐述小组观点。

➢ 评分规则：若小组汇报得 5 分，则小组汇报代表得 5 分，并根据其他成员的贡献多少，分别得 4 分、3 分等，依此类推。

1. 初级问题：什么是 Internet?

2. 中级问题：Internet 是如何工作的?

3. 高级问题：Internet 提供了哪些服务与应用?

二、321 模式学习反思表

在学习完本章的内容后，反思自己的学习过程和学习结果，在下面反思表中填写相应内容。

3	本章我学到的三个知识点是：
2	本章我要问的两个问题是：
1	本章我想深入学习的一项内容是：

三、绘制思维导图

以本章标题为一级标题，上述三个问题为二级标题，画出本章主要知识点的思维导图，参考结构如下。

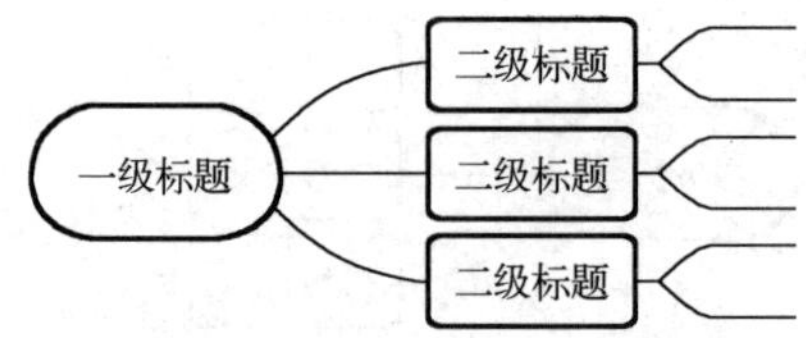

第 2 部分　入学测验与随堂测验

根据布鲁姆教育目标分类法，设计本部分内容的主要目的是对学生的记忆和理解情况进行考察。

设计入学测验的目的是了解每名学生原有的计算机知识经验，以便教师有针对性地进行教学设计，进而开展差异化教学、个性化教学。建构主义认为："教学不能无视学习者已有的知识经验，不能简单地、强硬地从外部对学习者实施知识的'填灌'，而是应该把学习者原有的知识经验作为新知识的生长点，引导学习者从原有的知识经验中，主动建构新的知识经验"。

设计入学测验的另一个目的是确定学生的发展区，其中入学测验 1（考查学生对中学信息技术知识的掌握情况）与入学测验 2（考查学生对大学计算机知识的掌握情况）之间的差异就是学生的发展区，也是"大学计算机"课程教学需要解决的问题。苏联著名心理学家维果斯基提出的最近发展区理论认为："学生的发展有两种水平：一种是学生的现有水平，指学生独立活动时所能达到的解决问题的水平；另一种是学生可能的发展水平，指学生在他人指导下或与他人合作可以获得的解决问题的潜在发展水平。两者之间的差异就是学生的发展区"。

另外，随堂测验 1 是在课前对学生的在线学习效果进行检测，随堂测验 2 是在课中对学生的课堂学习效果进行检测。

入 学 测 验

参考答案

一、入学测验 1（中学信息技术知识）

1. 下列信息来源属于媒体类的是（　　）。
   A. 网络　　B. 老师　　C. 同学　　D. 活动过程
2. 下列不属于采集信息工具的是（　　）。
   A. 扫描仪　　B. 电视机　　C. 摄像机　　D. 照相机
3. 据统计，当前计算机病毒扩散最快的途径是（　　）。
   A. 软件复制　　B. 网络传播　　C. 磁盘拷贝　　D. 运行游戏软件
4. 若要从网上下载容量较大的文件，如整部电影的视频文件，则一般情况下使用（　　）进行下载，下载效率会更高。
   A. 浏览器自身的"另存为"菜单选项
   B. 单击鼠标右键，选择"另存为"选项
   C. FlashGet 工具软件
   D. WinZip 工具软件
5. 多媒体信息不包括（　　）。
   A. 影像、动画　　B. 文字、图形

C．声卡、光盘　　D．音频、视频

6.《七剑》是徐克拍的一部浪漫武侠电影，请问这部电影不可能的格式是（　　）。

A．qj.avi　　B．qj.rm　　C．qj.rmvb　　D．qj.jpg

7．操作系统的作用是（　　）。

A．将源程序编译成目标程序

B．诊断机器的故障

C．负责外设与主机之间的信息交换

D．控制、管理计算机系统的各种硬件和软件资源的使用

8．下列说法中正确的是（　　）。

A．ROM 是只读存储器，其中的内容只能读一次，下次再读就读不出来了

B．硬盘通常是装在主机箱内，所以硬盘属于内存

C．任何存储器都有记忆功能，即其中的信息不会丢失

D．CPU 不能直接与外存打交道

9．在 Windows 中，（　　）是对系统资源进行管理的程序组。

A．回收站　　B．资源管理器　　C．我的电脑　　D．我的文档

10．某学生从网上下载了若干幅与奥运会历史有关的老照片，若需要对其进行旋转、裁剪、色彩调校、滤镜调整等加工，则可选择的工具是（　　）。

A．Windows 自带的画图程序　　B．Photoshop

C．Adobe Premier　　D．Dreamweaver

二、入学测验 2（大学计算机知识）

1．一个完整的计算机系统由（　　）组成。

A．硬件系统和软件系统　　B．主机和外设

C．系统软件和应用软件　　D．主机、显示器和键盘

2．在计算机存储单元中存储的内容（　　）。

A．只能是程序　　B．可以是数据和指令

C．只能是数据　　D．只能是指令

3．计算机的硬件主要包括存储器、中央处理器（CPU）、输入设备和（　　）。

A．控制器　　B．输出设备　　C．显示器　　D．键盘

4．在下列操作系统中，不属于智能手机操作系统的是（　　）。

A．Android　　B．iOS

C．Linux　　D．Windows Phone

5．操作系统的主体是（　　）。

A．数据　　B．程序　　C．内存　　D．CPU

6．“64 位微型计算机”中的 64 位指的是（　　）。

A．机器的字长　　B．微型机号　　C．运算速度　　D．内存容量

7．Windows 操作系统中各应用程序信息交换是通过（　　）进行的。

A．键盘　　B．剪贴板　　C．硬盘　　D．CPU

8．Windows 中表示复制操作的快捷键是（　　）。

A. Ctrl+X　　B. Ctrl+C　　C. Ctrl+V　　D. Ctrl+S

9. 当一台主机从一个网络移到另一个网络时，以下说法正确的是（　　）。

A. 必须改变它的 IP 地址和 MAC 地址

B. 必须改变它的 IP 地址，但不需改变它的 MAC 地址

C. 必须改变它的 MAC 地址，但不需改变它的 IP 地址

D. MAC 地址、IP 地址都不需改变

10. 利用计算器计算印度神话故事“棋盘上的麦粒”第 18 个格子里有（　　）个麦粒。

A. 121 072　　B. 121 074　　C. 131 072　　D. 131 074

随堂测验 1　计算、计算机与计算思维

参考答案

一、随堂测验 1

1. 电视剧《激情的岁月》中讲述了我国科研工作者克服种种困难，用（　　）完成了原子弹相关数据计算的感人故事。

A. 计算机　　B. 计算器　　C. 算盘　　D. 手工

2. 在计算机出现以前，（　　）是我国传统的计算工具。

A. 珠算　　B. 计算尺　　C. 算盘　　D. 算筹

3. 以下说法不正确的是（　　）。

A. 英文中的计算一词来自拉丁文，其本意就是用于计算的小石子

B. 珠算口诀就是最早的体系化算法

C. 任何问题都可计算

D. 一个问题是否可计算与该问题是否具有相应的算法是完全等价的

4. 计算具有 4 种性质，以下哪一种不是计算的性质（　　）。

A. 有穷性　　B. 明确性　　C. 唯一性　　D. 输入和输出

5. 计算机计算的过程就是执行（　　）的过程。

A. 指令　　B. 算法　　C. 程序　　D. 加法

6. 生活中常见的地图、电路图、分子结构图，我们称这些图为（　　）。

A. 实体模型　　B. 符号模型　　C. 物理模型　　D. 思维模型

7. 图灵机模型和冯•诺依曼模型属于（　　）。

A. 实体模型　　B. 符号模型　　C. 物理模型　　D. 计算模型

8. 图灵机由三部分组成：一条双向都可无限延长的被分为一个个方格的纸带、（　　）和一个读/写头。

A. 一个无限状态寄存器　　B. 一个控制器

C. 一个读/写控制器　　D. 一个有限状态控制器

9. 关于计算思维，正确的说法是（　　）。

A. 计算机的发展导致了计算思维的诞生

B. 计算思维是计算机的思维方式

C. 计算思维的本质是计算

D．计算思维是求解问题的一种途径

10．利用计算机来模仿人的高级思维活动称为（　　）

A．数据处理　　B．科学计算　　C．人工智能　　D．自动控制

二、随堂测验 2

1．电子计算机之所以能够快速、自动、准确地按照人们意图进行工作，其最主要的原因之一是（　　）。

A．存储程序　　B．采用逻辑器件

C．总线结构　　D．识别控制代码

2．当交通灯随着车流的密集程度自动调整，而不再是按固定的时间间隔变化时，我们说，这是计算思维（　　）的表现。

A．人性化　　B．网络化　　C．智能化　　D．工程化

3．下列计算机中，（　　）不属于我国研制的巨型计算机。

A．天河二号　　B．曙光　　C．顶点　　D．神威太湖之光

4．计算机分代的主要依据是（　　）。

A．制造计算机的主要电子元器件　　B．计算机的体积

C．计算机的存储容量　　D．计算机的速度

5．最早研制机械式计算工具"加法器"的是（　　）。

A．冯·诺依曼　　B．巴贝奇　　C．帕斯卡　　D．图灵

6．关于计算机的特点以下说法不正确的是（　　）。

A．随着计算机硬件设备及软件的不断发展，其价格也越来越高

B．计算精度高

C．存储能力强

D．运算速度快

7．冯·诺依曼体系结构的计算机硬件系统的五大部件是（　　）。

A．输入设备、运算器、控制器、存储器、输出设备

B．键盘和显示器、运算器、控制器、存储器、电源设备

C．输入设备、中央处理器、硬盘、存储器、输出设备

D．键盘、主机、显示器、硬盘、打印机

8．图灵机能模拟（　　）。

A．人脑的大多数活动

B．老式计算机的所有活动

C．任何计算机

D．任何现代计算机

9．摩尔定律是由（　　）创始人之一戈登·摩尔（Gordon Moore）提出来的。其内容为，当元器件的价格不变时，集成电路上可容纳的元器件的数目，约每隔 18～24 个月便会增加一倍，性能也将提升一倍。

A．IBM　　B．Apple　　C．Intel　　D．Microsoft

10．关于计算机的发展趋势，不属于未来发展趋势的是（　　）。

A．巨型化　　B．微型化　　C．多样化　　D．智能化

随堂测验 2　计算机系统概述

参考答案

一、随堂测验 1

1．计算机一词自 1613 年开始出现，在 1940 年以前的字典中，人们将计算机定义为（　　）。

A．计算的工具　　B．执行计算的人　　C．制表器　　D．计算器

2．关于计算机，以下说法不正确的是（　　）。

A．计算机是处理数据并将数据转换为有用信息的电子设备

B．任何计算机，无论何种类型都由程序指令控制

C．计算机通过执行计算来处理数据、编辑文档和修改图片

D．中央处理器 CPU 是英文（Central Programming Unit）的缩写

3．计算机的模型活动特征 IPOS 是（　　）的缩写。

A．组织、管理、处理、转换　　B．输入、组织、输出、管理

C．输入、处理、输出、存储　　D．输入、组织、输出、存储

4．冯・诺依曼最早将计算机称为（　　）。

A．自动计算系统　　B．电子通用数字计算机

C．计算机　　D．计算机系统

5．以下说法正确的是（　　）。

A．计算机是人类最重大的发明

B．数学公式和运算结果不是信息

C．信息仅仅是在电视上看到和听到的东西

D．计算机存储的是数据，而不是信息

6．计算机的三大原则是我们认识计算机的三个根本性基础问题，以下哪一项不属于计算机的三大原则（　　）。

A．计算机是执行输入、运算、输出的机器

B．程序是指令和数据的集合

C．计算机的处理方式有时与人们的思维习惯不同

D．计算机是由硬件和软件组成的

7．人们会用“蓝色”“红色”之类的词语描述有关颜色的信息，计算机是用数字表示颜色信息的，表示红色的是（　　）。

A．RGB 分别是 255.0.0　　B．RGB 分别是 0.255.0

C．RGB 分别是 0.0.255　　D．RGB 分别是 255.255.255

8．被人们称为“现代计算机之父”的是（　　）。

A．图灵　　B．香农　　C．帕斯卡　　D．冯・诺依曼

9．关于计算机各个部件的功能，以下说法正确的是（　　）。

A．运算器的功能只是算术运算

B．控制器的基本功能是从内存取指令和执行指令
C．控制器与运算器合在一起被称为 ALU
D．存储器的功能只用来存放程序

10．通常将（　　）这三个部分称为计算机的主机。
A．机箱、主板、显示器　　B．电源、主板、键盘
C．机箱、电源、显示器　　D．运算器、控制器、内部存储器

二、随堂测验 2

1．组装计算机可分为 4 个步骤，下面的顺序正确的是（　　）。
A．硬件组装→格式化硬盘→分区硬盘→安装操作系统
B．格式化硬盘→硬件组装→分区硬盘→安装操作系统
C．硬件组装→硬盘分区→格式化硬盘→安装操作系统
D．硬件组装→格式化硬盘→安装操作系统→分区硬盘

2．将鼠标接到计算机的（　　）上。
A．USB 接口　　B．HDMI 接口　　C．网线接口　　D．音频接口

3．将一个磁盘格式化后，磁盘上的目录情况是（　　）。
A．没有目录，需要用户建立　　B．一级子目录
C．有多级树形目录　　D．只有根目录

4．若要查看硬件情况及驱动程序，则要打开（　　）。
A．资源管理器　　B．我的电脑　　C．控制面板　　D．设备管理器

5．下列术语中，属于显示器性能指标的是（　　）。
A．分辨率　　B．精度　　C．速度　　D．可靠性

6．一个完整的计算机系统包括（　　）。
A．主机、鼠标、键盘和显示器
B．系统软件和应用软件
C．主机、显示器、键盘、鼠标和打印机等外部设备
D．硬件系统和软件系统

7．在计算机中，指令主要存放在（　　）。
A．运算器　　B．键盘　　C．鼠标　　D．存储器

8．将硬盘空间划分为内存使用的技术是（　　）。
A．GPU　　B．睿频　　C．虚拟内存　　D．虚拟机

9．运算器的功能是完成（　　）。
A．算术运算和逻辑运算　　B．乘法运算和逻辑运算
C．加减运算和乘除运算　　D．加法运算和逻辑运算

10．下面说法正确的是（　　）。
A．计算机冷启动和热启动都要进行系统自检
B．计算机冷启动要进行系统自检，而热启动不需要进行系统自检
C．计算机热启动要进行系统自检，而冷启动不需要进行系统自检
D．计算机冷启动和热启动都不需要进行系统自检

随堂测验 3　操作系统基础

参考答案

一、随堂测验 1

1．华为推出的操作系统是（　　）。

A．Windows　　B．macOS　　C．鸿蒙　　D．安卓

2．当我们自己组装好一台计算机时，首先要做的是安装（　　）。

A．操作系统　　B．游戏软件　　C．聊天软件　　D．办公软件

3．操作系统可以根据使用它们的设备进行分类，以下哪一种不属于按设备分类（　　）。

A．桌面操作系统　　B．移动操作系统

C．服务器操作系统　　D．多任务操作系统

4．关于操作系统，以下描述不正确的是（　　）。

A．操作系统是用户和计算机的接口

B．操作系统是计算机硬件和其他软件的接口

C．操作系统是计算机系统中最基本的系统软件

D．操作系统只管理和控制计算机系统中的软件资源

5．操作系统的主要功能是（　　）。

A．实现软件与硬件的转换

B．管理系统中所有的软件与硬件资源

C．把源程序转换为目标程序

D．进行数据处理

6．计算机软件与硬件的关系是（　　）。

A．相互对立　　B．相互独立

C．相互支持　　D．相互依存

7．操作系统的类型有很多种，Windows 与 macOS 属于以下哪种类型（　　）。

A．实时操作系统　　B．单用户/单任务操作系统

C．单用户/多任务操作系统　　D．多用户/多任务操作系统

8．以下描述不正确的是（　　）。

A．对于用户来说，任务是一种功能

B．对于操作系统来说，任务是一种进程

C．MS-DOS 是一种单任务操作系统

D．Windows 是一种允许多个用户一次执行两个以上功能的操作系统

9．资源是计算机执行任务所需的任何要素，以下不属于资源的是（　　）。

A．处理器　　B．内存存储空间

C．外部设备　　D．进程

10．操作系统管理进程是通过多种方式实现的，以下不属于进程管理的是（　　）。

A．多任务　　B．多线程　　C．多重处理　　D．多层结构

二、随堂测验 2

1．在下列操作系统中，属于分时操作系统是（　　）。

A．UNIX　B．MS-DOS　C．Windows　D．Android

2．在下列操作系统中，不属于智能手机操作系统的是（　　）。

A．Android　B．iOS　C．MS-DOS　D．Windows Phone

3．操作系统的主要功能是（　　）。

A．合理地管理计算机软件与硬件资源，提高计算机效率

B．使用户使用的界面更简洁

C．使计算机更安全

D．可以让用户方便地保存和删除文件

4．操作系统是现代计算机系统不可缺少的组成部分，操作系统负责管理和控制计算机的（　　）。

A．程序　B．功能　C．资源　D．进程

5．操作系统的主体是（　　）。

A．数据　B．内存　C．CPU　D．程序

6．在计算机系统软件中，最基本、最核心的软件是（　　）。

A．操作系统　B．数据库管理系统

C．系统维护工具　D．程序语言处理程序

7．将当前窗口复制到剪贴板上的命令是（　　）。

A．Print Screen　B．Alt+Print Screen

C．Ctrl+Print Screen　D．Shift+Print Screen

8．以下关于 Windows 快捷方式的说法正确的是（　　）。

A．一个快捷方式可指向多个目标对象

B．一个对象可有多个快捷方式

C．只有文件可以建立快捷方式

D．只有文件夹可以建立快捷方式

9．若要查找第二个字符是 A 的所有文本文件，则应输入（　　）。

A．?A*.txt　B．*A?.txt　C．*A*.txt　D．?A*.*

10．同时按下（　　）键可以打开任务管理器。

A．Ctrl+Shift　B．Ctrl+Alt+Del　C．Ctrl+Esc　D．Alt+Tab

随堂测验 4　信息与编码

参考答案

一、随堂测验 1

1．信息这个词最早出现在（　　）。

A．贝尔实验室　B．三国志

C．第一台电子计算机　D．图灵机

2．关于信息的描述，以下说法不正确的是（　　）。
A．人类曾经以采集食物为生，而如今他们重新要以采集信息为生
B．信息用来描述说话、写信、视频传送等过程能被量化的一些共同特征
C．信息是一个术语，或者是一个单词
D．信息论奠基人贝尔给出了信息的明确定义："信息是用来消除随机不定性的东西"

3．信息论的创始人是（　　）。
A．贝尔　　B．爱迪生　　C．图灵　　D．香农

4．用于测量信息的单位是（　　）。
A．英寸　　B．比特　　C．夸脱　　D．分钟

5．以下有关信息的说法正确的是（　　）。
A．信息是人类社会的重要资源
B．到 20 世纪，人类才学会存储信息
C．人类发明了电话和电报后才开始传递信息
D．每种信息的价值都随着使用人数的增加而消失

6．下面哪些信息不是小明的信息（　　）。
A．小明的生日　　B．小明的年龄　　C．小明的性别　　D．小明的手表

7．关于数据和信息，以下描述正确的是（　　）。
A．信息会随数据的描述形式不同而改变
B．数据处理后的表现形式是信息
C．只有经过解释的数据才有意义
D．数据是对信息处理的结果

8．请区分下面哪一组是数据（　　）。
A．姓名：张三，性别：女，住址：西安雁塔区
B．姓名：张三，专业：计算机科学
C．姓名：张三，腋下温度：36.8℃
D．36.8　张三　计算机科学　98

9．以下哪一项不属于进位计数制中的三个要素（　　）。
A．数码　　B．基数　　C．位权　　D．数字

10．计算机中信息的编码是指（　　）。
A．各种形式的数据按一定法则转换成二进制码
B．计算机中的二进制码按一定法则转换成各种形式的数据
C．用 7 位二进制数表示一个字符，即 ASCII 码
D．用两个字节表示一个汉字

二、随堂测验 2

1．关于信息，下列说法错误的是（　　）。
A．信息是可以处理的　　B．信息是可以传递的
C．信息是可以共享的　　D．信息可以不依赖于某种载体而存在

2．下列说法正确的是（　　）。

A．信息技术就是现代化通信技术
B．信息技术是有关信息的获取、传递、存储、处理、交流、表达和应用的技术
C．微电子技术和信息技术是两种互不关联的技术
D．信息技术是处理信息的技术

3．某单位要选拔干部，必要条件是同时满足以下三个条件：年龄小于 35 岁、党员、高级工程师，三个条件表达式分别用 A、B、C 表示，则符合干部候选人的逻辑表达式为（ ）。

A．A+B+C　　B．A×B×C　　C．A−B−C　　D．A||B||C

4．计算机中表示信息的最小单位是（ ）。

A．位　　B．字节　　C．字长　　D．字

5．若在二进制整数 11100 的右边增加一个 0 形成一个新数，则新数的值是原数值的（ ）。

A．10 倍　　B．2 倍　　C．4 倍　　D．3 倍

6．机器数是（ ）。

A．用"0"和"1"表示数的符号的二进制数
B．用"+"和"−"表示数的符号的二进制数
C．用"0"和"1"表示数的符号的十进制数
D．用"+"和"−"表示数的符号的十进制数

7．计算机中存储信息的最小单位是（ ）。

A．位　　B．字节　　C．字长　　D．字

8．编码具有三个主要特征，以下不正确的是（ ）。

A．有序性　　B．唯一性　　C．公共性　　D．规律性

9．关于定点数的描述错误的是（ ）。

A．默认小数点在最低位之后
B．默认小数点在最高位之前，符号位之后
C．定点小数都是绝对值小于 1 的纯小数
D．默认小数点位置在符号位之前

10．计算机存储器的每个字节均为 8 个二进制位。因此，16×16 点阵的一个汉字字形需要用（ ）字节来存放。

A．8　　B．16　　C．32　　D．256

随堂测验 5　数据处理与呈现

参考答案

一、随堂测验 1

1．数据处理包含多种方式，面向学校用户的学籍管理系统采用的主要数据处理方式是（ ）。

A．应用程序数据处理方式　　B．数据库数据处理方式
B．程序设计数据处理方式　　D．软件工程数据处理方式

2. 在下列选项中，(　　) 属于数值型数据。
A. 一张电子照片　　B. 一段 MIDI 音乐
C. 一段短视频　　D. 身份证号

3. (　　) 不属于数据获取的方法。
A. 使用数码相机或摄像机拍摄外出旅游看到的风景
B. 使用录音笔或专业录音设备录制演唱会上歌唱家演唱的歌曲
C. 使用计算机键盘录入新闻报道、课堂学习笔记或日记等
D. 使用 PS 软件的美颜功能对电子照片中的人物进行瘦脸修容

4. (　　) 不属于数据处理应用程序。
A. Dreamweaver　B. Flash　C. Linux　D. PowerPoint

5. 无法保存多媒体数据的应用软件是 (　　)。
A. Notepad　B. Visio　C. PowerPoint　D. Excel

6. 以下说法不正确的是 (　　)。
A. 数据处理的核心是计算
B. 为方便操作，用户要尽可能使用高版本的数据处理应用程序
C. 我们使用术语"多媒体"来定义包含数字、文本、图像、音频和视频的信息
D. 数值型数据使得客观世界严谨有序，其他类型的数据使得客观世界丰富多彩

7. 演示文稿和模板的扩展名分别是 (　　)。
A. .doc 和.txt　B. .html 和.htm　C. .pptx 和.potx　D. .potx 和.pptx

8. 在下列有关电子表格的数据自动填充说法中，(　　) 是正确的。
A. 只能根据数据变化趋势，自动填充数值型序列数据
B. 只能根据数据变化趋势，填充文字型序列数据
C. 数据自动填充仅仅是进行反复的复制操作
D. 数据自动填充是按规律或预定义的系列数据扩展单元序列的内容

9. 数字媒体已经广泛使用，属于视频文件格式的是 (　　)。
A. PNG 格式　B. MP4 格式　C. MP3 格式　D. WAV 格式

10. 平时所说的安装一个应用程序，是将应用程序安装在计算机中的 (　　)。
A. 硬盘　B. 内存　C. 光盘　D. CPU

二、随堂测验 2

1. 数据处理是指 (　　)。
A. 采集、存储　B. 检索、加工　C. 变换和传输　D. 以上都是

2. 以下哪一个不是应用程序处理的文件 (　　)。
A. 文档文件　B. 图形文件　C. 动画文件　D. 数据库文件

3. 在下面所列的运行应用程序的方式中，不正确的是 (　　)。
A. 超链接　　B. 通过文档文件关联
C. 运行应用程序的快捷方式　　D. 直接运行可执行文件

4. 在创建磁盘文件时，保存文档的含义是指 (　　)。
A. 一次 I/O 操作　　B. 一次内存到内存的只写操作

C．由外存到内存的读操作　　D．由内存到外存的写操作

5．下面对文档的编辑操作描述中，正确的是（　　）。

A．删除是指将选定的对象从内存中删除

B．复制是指将选定的对象暂存在内存的剪贴板中

C．剪切是指将选定的对象存放在外存中

D．粘贴是指将硬盘中的数据存放在当前文档的指定位置

6．通常，图像的两种表示方式为（　　）。

A．矢量图和点阵图　　B．位图与图像

C．PDF 与图片　　D．图片与图像

7．常用的信息编码有多种，以下描述错误的是（　　）。

A．8421 码　　B．ASCII 码　　C．国标码　　D．机内码

8．数据处理有（　　）种方式。

A．一　　B．两　　C．三　　D．四

9．在 Word 中，有关表格的操作，以下说法不正确的（　　）。

A．文本能转换成表格　　B．表格能转换成文本

C．文本与表格不能相互转换　　D．文本与表格可以相互转换

10．在下列应用软件中，（　　）软件不能绘制图形。

A．Photoshop　　B．Visio　　C．Python　　D．EditPlus

随堂测验 6　数据组织与管理

参考答案

一、随堂测验 1

1．（　　）不属于数据结构研究的内容。

A．逻辑结构　　B．物理结构　　C．数据运算　　D．数据元素

2．数据的逻辑结构通常分为（　　）。

A．树结构和图结构　　B．顺序结构与分支结构

C．线性结构和非线性结构　　D．散列结构与索引结构

3．常见的数据结构有多种，以下哪一项不属于数据结构（　　）。

A．树　　B．图　　C．队列　　D．站

4．下列描述中，哪一项描述不正确（　　）。

A．数据项是数据的基本单位，在计算机中通常作为一个整体进行考虑和处理

B．查找是非数值处理中一种最基本、最重要的操作之一

C．当数据元素仅有一个数据项时，数据元素值就是关键字

D．不同的数据结构采用不同的查找方法，查找的效率直接影响数据处理的效率

5．关于数据与信息的描述，下面哪一项是错误的（　　）。

A．数据是信息的表现形式和载体

B．信息是数据的内涵

C．信息依赖数据来表达，数据则生动、具体地表达出信息

D．数据是信息的内涵，信息是数据的表达、载体

6．数据库发展经历了（　　）阶段。

A．3　　B．4　　C．5　　D．6

7．人工管理阶段的特点是（　　）。

A．数据可以充分共享　　B．有了计算机操作系统

C．有先进的存储技术　　D．程序和数据放在一起，无法共享

8．文件管理阶段的特点是（　　）。

A．程序与数据分离　　B．有了计算机操作系统

C．以文件为单位进行数据共享　　D．以上都是

9．在数据库系统阶段，数据由（　　）统一管理维护。

A．程序员　　B．数据库管理系统（DBMS）

C．操作系统　　D．用户

10．下列选项中，不属于数据库系统特点的是（　　）。

A．较少的数据冗余　　B．较高的数据独立性

C．自由的数据类型　　D．较好的数据完整性

二、随堂测验 2

1．下面关于数据库对象描述不正确的是（　　）。

A．表用来存储数据　　B．查询用来检索符合指定条件的数据

C．窗体的数据源是表或查询　　D．模块是若干个操作的组合

2．常见的数据模型有三种，以下哪一项不属于数据模型（　　）。

A．层次模型　　B．网状模型　　C．星型模型　　D．关系模型

3．在数据库中存储的是（　　）。

A．信息　　B．数据　　C．数据结构　　D．数据模型

4．数据库系统相关人员是数据库系统的重要组成部分，有三类人员：（　　）、应用程序开发人员和最终用户。

A．数据库管理员　B．程序员　　C．机房管理员　　D．软件开发商

5．下面关于数据库的说法中，错误的是（　　）。

A．数据库有较高的安全性

B．数据库有较高的数据独立性

C．数据库中的数据被不同的用户共享

D．数据库没有数据冗余

6．Access 是（　　）数据管理系统。

A．层状　　B．网状　　C．关系型　　D．树状

7．在一个学生数据库中，字段“学号”的数据类型应该是（　　）。

A．数字型　　B．文本型　　C．自动编号型　　D．备注型

8．在关系型数据库中，二维表中的一行被称为一条（　　）。

A．字段　　B．数据　　C．记录　　D．数据视图

9．层次模型是早期数据库使用的数据模型，采用树型结构表示实体与实体之间的联系，

这是一种（　　）关系的结构。

A．一对多　　B．多对多　　C．多对一　　D．二维表

10．以下描述不正确的是（　　）。

A．数据库系统是指带有数据库的整个计算机系统

B．Access、FoxPro、MySQL 等属于中小型数据库系统

C．用户是通过应用程序使用数据库的相关人员

D．数据库系统是对数据库进行管理的软件系统

随堂测验 7　算法与程序设计

参考答案

一、随堂测验 1

1．MOOC 视频中吃一只蟹黄汤包的“算法”分为（　　）个步骤。

A．4　　B．5　　C．6　　D．7

2．算法一词来源于 9 世纪数学家阿尔·花拉子密（al-Khowarizmi），他是（　　）人。

A．罗马　　B．埃及　　C．印度　　D．波斯

3．以下说法不正确的是（　　）。

A．生活中处处有算法

B．算法是对解决问题方法的精确描述

C．算法的步骤越多越好

D．先乘除后加减是四则运算的规则

4．排序是计算机程序中经常要用到的基本算法，以下哪一组都是正确的排序算法（　　）。

A．冒泡排序、贪心排序、插入排序、希尔排序

B．冒泡排序、选择排序、插入排序、迭代排序

C．递归排序、选择排序、插入排序、希尔排序

D．冒泡排序、选择排序、插入排序、希尔排序

5．在以下排序算法中，（　　）是借助“交换”进行排序的。

A．冒泡排序　　B．插入排序　　C．迭代排序　　D．快速排序

6．“程序 = 数据结构 + 算法”这句名言是计算机科学家（　　）提出来的。

A．图灵　　B．冯·诺依曼　　C．香农　　D．沃思

7．程序设计的一般过程包括（　　）个步骤。

A．4　　B．5　　C．6　　D．7

8．在使用计算机解决实际问题时，需要 4 个步骤，以下顺序正确的是（　　）。

A．分析问题、算法设计、建立模型、编写程序

B．分析问题、建立模型、算法设计、编写程序

C．建立模型、分析问题、算法设计、编写程序

D．算法设计、建立模型、分析问题、编写程序

9．关于对程序特性的描述，以下说法不正确的是（　　）。

A．流程化　　B．有精确的步骤
C．程序需要得出结果　　D．按照人的思维模式来编写

10．以下说法不正确的是（　　）。
A．只有计算机中才需要算法
B．算法思想体现的是一种数学思想
C．算法是对特定问题求解步骤的一种描述
D．排序是计算机程序中经常要用到的基本算法

二、随堂测验 2

1．以下对算法描述正确的是（　　）。
A．算法是解决问题的有序步骤
B．算法必须在计算机中用某种语言实现
C．一个问题对应的算法只有一种
D．常见的算法描述方法只能用自然语言法或流程图法

2．下面关于算法和程序的说法中，正确的是（　　）。
A．算法可采用伪代码或流程图等不同方式来描述
B．程序只能用高级语言编写
C．算法和程序是一一对应的
D．算法就是程序

3．下面不属于算法表示工具的是（　　）。
A．自然语言　　B．思维导图　　C．流程图　　D．伪代码

4．（　　）是一种采用程序框、流程线等来表示算法的有效方法。
A．伪代码　　B．流程图　　C．N-S 图　　D．PAD 图

5．在采用流程图表示算法时，若要表示一个判断条件，则可采用（　　）。
A．平行四边形　　B．长方形　　C．圆角矩形　　D．菱形

6．下面有关 Raptor 软件的说法，不正确的是（　　）。
A．是一种可视化的快速流程图设计工具
B．设计的流程图可以转换为 C 语言程序
C．通过观察窗口可以查看流程图的运行结果
D．可以设计一个主过程和多个子过程，然后用主过程调用这些子过程

7．下列关于人类和计算机解决实际问题的说法，错误的是（　　）。
A．人类计算速度慢而计算机速度快
B．人类自动化复杂而计算机简单
C．人类的计算精确度一般而计算机的计算精确度很精确
D．人类可以完成任务、得出结果而计算机不能

8．图书管理系统是按图书编码从小到大对图书进行管理的，若要查找一本已知编码的书，则能快速查找的算法是（　　）。
A．顺序查找　　B．随机查找
C．二分法查找　　D．以上都不对

9.（　　）是一种不断用变量的旧值推出新值的过程。

A．递归法　　B．迭代法　　C．贪心法　　D．枚举法

10．将要解决的问题划分成若干个规模较小的同类问题，当子问题划分得足够小时，用较简单的方法解决，这种方法属于（　　）。

A．分治法　　B．动态规划法　　C．贪心法　　D．回溯法

随堂测验 8　计算机网络概述

参考答案

一、随堂测验 1

1．我们现在使用的计算机网络起源于（　　）。

A．苏联　　B．英国　　C．美国　　D．法国

2．计算机网络最突出的优点是（　　）。

A．运算速度快　　B．存储容量大

C．实现资源共享和快速通信　　D．可靠性强

3．搭建一个计算机网络需要网络硬件设备和（　　）。

A．体系结构　　B．资源子网　　C．网络软件　　D．传输介质

4．数据传输速率的单位是（　　）。

A．位/秒　　B．字长/秒　　C．帧/秒　　D．米/秒

5．将计算机网络分为有线网络和无线网络的主要依据是（　　）。

A．网络成本　　B．网络的物理位置

C．网络的传输介质　　D．网络的拓扑结构

6．按网络的地理覆盖范围进行分类，可将网络分为（　　）。

A．总线型、环型网、星型、树型和网状等

B．双绞线网、同轴电缆网和卫星网等

C．电路交换网分组交换网和综合交换网等

D．局域网、城域网和广域网

7．为网络数据交换而制定的规则、约定和标准称为（　　）。

A．协议　　B．体系结构　　C．网络拓扑　　D．参考模型

8．OSI 将复杂的网络通信分成（　　）个层次进行处理。

A．3　　B．5　　C．6　　D．7

9．若要将计算机与局域网相连，则需要增加（　　）。

A．集线器　　B．网关　　C．网卡　　D．路由器

10．调制解调器（Modem）的功能是实现（　　）。

A．数字信号的编码　　B．数字信号的整形

C．模拟信号的放大　　D．数字信号与模拟信号的转换

二、随堂测验 2

1．计算机网络最初创建的目的是用于（　　）。

A．政治　B．经济　C．教育　D．军事

2．(　　)不是计算机网络常采用的基本拓扑结构。

A．星型结构　B．分布式结构　C．总线型结构　D．环型结构

3．一栋大楼内的一个计算机网络系统属于(　　)。

A．PAN　B．LAN　C．MAN　D．WAN

4．在局域网中，以集中方式提供共享资源并对这些资源进行管理的计算机称为(　　)。

A．服务器　B．主机　C．工作站　D．终端

5．路由器(Router)的主要功能是(　　)。

A．数字信号与模拟信号的转换　B．在计算机之间传送二进制信号

C．实现网络互联和网络管理　D．提高计算机之间的传输速率

6．小明和他的父母都配备了笔记本电脑(带有无线网卡)，而且他们经常要在家上网，以下做法正确的是(　　)。

A．为笔记本电脑分别申请 ISP 提供的无线上网服务

B．申请 ISP 提供的有线上网服务，通过自备的一个无线路由器实现无线上网

C．在家里可能的地方都预设双绞线上网端口

D．将一个房间作为专门用来上网的房间

7．关于局域网和广域网，下列说法不正确的是(　　)。

A．因为需要建设高速传输媒介，所以局域网通常局限在几千米范围之内

B．公共通信线路铺设到哪里，广域网就可以覆盖到哪里

C．互联网可以将局域网和广域网连在一起

D．国际互联网是由广域网连接的局域网的最大集合

E．以上说法有不正确的

8．到银行去取款，要求输入密码，这属于网络安全技术中的(　　)。

A．身份认证技术　B．加密传输技术

C．防火墙技术　D．防病毒技术

9．射频识别技术(RFID)属于物联网产业链的(　　)环节。

A．标识　B．感知　C．处理　D．信息传送

10．下列计量单位中，用来计量计算机网络数据传输速率(比特率)的是(　　)。

A．MB/s　B．MIPS　C．GHz　D．Mbps

随堂测验 9　Internet 的服务与应用

参考答案

一、随堂测验 1

1．Internet 的核心协议是(　　)。

A．TCP 和 HTTP　B．TCP/IP

C．TCP 和 UDP　D．TCP 和 ICMP

2．IP 地址分为(　　)类。

A．3　B．4　C．5　D．6

3．IPv4 的子网掩码是一个（　　）位的模式，它的作用是识别子网和判别主机属于哪一个网络。

A．16　　B．32　　C．24　　D．64

4．Internet 中 URL 的基本格式由三部分组成，如 http://www.hxedu.com.cn，其中第一部分 http 表示（　　）。

A．传输协议与资源类型　　B．主机的 IP 地址或域名

C．资源在主机上的存放路径　　D．用户名

5．以下叙述正确的是（　　）。

A．TCP 协议是面向连接的不可靠传输协议

B．UDP 协议是面向无连接的可靠传输协议

C．TCP 协议是面向连接的可靠传输协议

D．UDP 协议是面向连接的不可靠传输协议

6．下列不是由 Internet 提供的服务是（　　）。

A．电子邮件　　B．文件传输　　C．电子公告栏　　D．文书处理

7．在 Internet 中使用 www 浏览页面时，所看到的文件称为（　　）文件。

A．网络　　B．文本　　C．超文本　　D．二进制

8．Internet 使用 TCP/IP 协议实现了全球范围内计算机网络的互联，连接在 Internet 上的每台主机都有一个 IP 地址。下列选项中，不能作为 IP 地址的是（　　）。

A．201.109.39.68　　B．120.34.0.18　　C．21.18.33.48　　D．127.0.257.1

9．如果电子邮件送达收信人，收信人的计算机没有开机，那么电子邮件将（　　）。

A．退回给发信人　　B．保存在服务商的主机上

C．过一会再重新发送　　D．等开机时再发送

10．关于衡量网络性能的指标，下列说法不正确的是（　　）。

A．带宽。通常是指单位时间内网络能够传输的最大二进制位数，它是衡量网络最高传输速率或网络传输容量、网络传输能力的一个指标

B．时延。通常是指一个数据分组（可以是数据包、数据报成数据帧）的网络传输时间，它是衡量网络传输时间和响应时间的一个指标

C．误码率。通常是指数据传输中的误码占传输的总码数的百分比，有时也指误码在传输过程中出现的频率，它是衡量规定时间内数据传输正确性或可靠性的一个指标

D．除以上网络性能指标外，还有许多其他性能指标

二、随堂测验 2

1．对于 Internet 中的计算机来说，在通信之前需要（　　）。

A．建立主页　　B．指定一个 IP 地址

C．使用 www 服务　　D．发送电子邮件

2．在 Internet 提供的服务中，（　　）是文件传输服务。

A．E-mail　　B．BBS　　C．TELNET　　D．FTP

3．电子邮件是（　　）。

A．网络信息检索服务　　B．通过 Web 网页发布的公告信息
C．通过网络实时交互的信息传递方式　　D．利用网络交换信息的非交互式服务

4．电子邮件 lujiang@chd.edu.cn 的域名是（　　）。
A．lujiang　　B．chd.edu.cn
C．lujiang@chd.edu.cn　　D．edu.cn

5．TCP/IP 协议的主要功能是（　　）。
A．数据转换　　B．分配 IP 地址
C．路由控制　　D．实现数据的可靠交付

6．网络中超文本的含义是（　　）。
A．该文本中含有图像　　B．该文本中含有声音
C．该文本中含有二进制字符　　D．该文本中含有链接到其他文本的链接点

7．HTTP 是（　　）。
A．统一资源定位器　　B．超文本传输协议
C．传输控制协议　　D．邮件传输协议

8．一个 IP 地址包含网络地址与（　　）。
A．广播地址　　B．多址地址　　C．主机地址　　D．子网掩码

9．计算机网络发展的最终目标是（　　）。
A．网络高速度　　B．传输内容多样化
C．实现 5W 模式　　D．提高可靠性

10．域名系统 DNS 的主要作用是（　　）。
A．存放主机域名　　B．存放 IP 地址
C．存放邮件的地址表　　D．实现域名和 IP 地址的相互映射

第3部分　实 验 项 目

根据布鲁姆教育目标分类法设计本部分内容，其主要目的是对学生的应用、分析、评价、创造等方面进行考察。学生通过基于项目学习的方式来完成实验项目，实验项目包括基础验证型实验、综合设计型实验、研究创新型实验三类。

（1）基础验证型实验。该类实验能够反映和验证与课程相关的知识点，如“有线和无线混合局域网的组建与配置”，使学生验证、理解、巩固并掌握课内所要求的基本教学内容。

（2）综合设计型实验。该类实验以“任务”或“课题”形式提出实验要求和实验目标，如“微课制作”和“Raptor 可视化算法流程图设计”，要求学生独立完成或者以小组合作的形式完成，通过有关课程、自主学习或讨论，掌握实验涉及的知识，并综合应用这些知识来最终完成实验项目。

（3）研究创新型实验。该类实验重在培养学生的探索能力与创新意识，如“信息技术在本专业应用情况的调查报告”，要求学生独立完成或者以小组合作的形式完成。该类实验可以没有最终结果，但要求学生能提供实验分析与研究报告，写出有见解的心得体会。

本部分的内容主要是针对每个章节的教学内容而设计的，可由学生独立完成且收到良好的教学效果。实验项目结束后，学生应提交一份实验报告或项目成果，内容参考各实验项目的具体要求。

PBL（Project-Based Learning，基于项目学习）是通过实施一个完整的项目而进行的学习活动，其目的是在课堂教学中把理论与实践有机地结合起来，充分发掘学生的创造潜能，提高学生解决实际问题的综合能力。基于项目学习模式的核心是项目，教师通过将教学内容拆分成各个项目的方法，让学生进行阶段性学习，从而实现教学目标。

PBL 本质上是一个持续探究的过程，也就是说，学生在实验项目中的工作是由驱动性问题来引导的，问题应该由学生自己或与教师共同讨论后提出。在引入（或共同确定）驱动性问题后，教师要引导学生探讨那些回答驱动问题的答案，以及能够成功完成项目所必须知道的知识。

基于项目教学法在教学中分为拟定项目、项目具体实施和总结评价三个阶段，即在教学过程中教师创设项目活动情境，在教师的引导下，从学生已有的知识技能和生活经验出发，讨论完成本项目活动的方法和过程，学生以个人或小组合作的方式运用学过的知识和技能解决新情境下的问题，在项目活动过程中，提高分析和解决问题的能力，从情感、态度、价值观等多方面对学生进行培养。

本部分包含 16 个实验项目，是递进式、分层次、项目式的实验教学内容。教师可根据自己的教学计划对实验项目进行裁剪、组合，也可针对不同层次的学生给出不同的实验项目，进而进行实验操作教学，从而实现不同层次的教学目标。对于综合性项目，可以多人一组，但人数不宜超过 5 人；对于简单的项目，可要求学生独立完成。在教学过程中，对不同层次的学生以不同起点为标准建立相应评价量表。评价的主要标准是学生在实验项目活动过程中是否体现出主动获取知识、解决实际问题、小组合作等能力，并让学生解释、反思他们学到了什么。

实验要求：在U盘中创建一个名为“大学计算机实验项目”的文件夹（文件夹结构见实验子项目3-1中的“创建文件夹”），在每章文件夹下均创建一个Word文档，将文件命名为“班级+学号+姓名+实验名称”。其中，文件名中的班级、学号、姓名需替换成学生的个人信息，如机械1班2021900001张强实验一，然后将本实验项目完整的内容整理到该Word文档中。

实验条件：因教学环境的不同，以及机房、学生的计算机配置及安装的操作系统、办公软件的不同，本部分的各实验项目没有标明实验环境配置的要求，只提供参考性操作提示。

实验项目 1　计算、计算机与计算思维

实验子项目 1-1　初识计算思维

一、实验目的

1. 了解计算思维的概念、特征和本质等基础知识。
2. 了解计算机的发展简史。
3. 掌握使用工具软件绘制思维导图的方法。
4. 掌握使用 Word 绘制基本图形和表格的方法。

二、实验相关知识

所谓计算，抽象地讲就是从一个符号串 A（输入）得出另一个符号串 B（输出）的过程。现实世界需要计算的问题有很多，但不是所有问题都能计算。

自动计算是人类进化过程中的目标，更快的计算速度是人类文明的标志和永恒的追求。计算与自动计算需要解决 4 个问题：① 数据的表示；② 计算规则的表示；③ 数据和计算规则的存储及自动存储；④ 计算规则的自动执行。计算机的发展一直围绕这 4 个问题进行探索与发展。

通过计算模型理解计算机系统是最好的方法之一，其中典型的模型有图灵模型和冯·诺依曼计算机模型。

计算思维是指运用计算机科学的基本概念进行问题求解、系统设计，以及人类行为理解等涵盖计算机科学广度的一系列思维活动。抽象和自动化是计算思维的本质。

思维导图是由英国学者东尼·博赞于 20 世纪 70 年代创造的。思维导图是一种将我们大脑中抽象的思考过程通过图文并茂的发散性结构展现在一张图上，是一种简单、高效的图形思维工具，它以图解的形式和网状的结构，用于储存、组织、优化和输出信息。

思维导图在我们的日常生活中运用得十分广泛，当将其应用到课堂教学时，能帮助学生迅速理清思路，提升记忆效果，如可以帮助我们总结学习中的知识点，这样总结出的知识点的脉络会更加清晰、明了。

三、实验任务

1. 观看视频回答问题（第 1 部分）（扫描下方二维码观看视频）

什么是计算思维 01	什么是计算思维 02	什么是计算思维 03	数学建模与用计算机求解	什么是计算 01	什么是计算 02	什么是计算 03	图灵模型

（1）在计算机普及以前________是我国历史上唯一的计算工具，________是最早的体系化算法。

（2）计算的实质就是________转换。

（3）计算机理论的奠基人是________，计算机奠基人（计算机之父）是________。

（4）信息时代的灵魂是计算机，而计算机的灵魂是________。

（5）在大数据时代，我们应该必须掌握________思维和________思维。

（6）计算思维的核心是________和________。

（7）数学建模是用________的语言和工具表述、分析和求解现实世界中的实际问题的。

（8）数学建模的最终环节就是利用________进行分析、预测、求解。

（9）利用计算机进行问题求解的本质是计算，而计算的前提是对________的清晰描述。

2．观看视频回答问题（第 2 部分）（扫描右侧二维码观看视频）

（1）计算思维（Computational Thinking，CT）是由美国卡内基·梅陇（Carnegie Mellon）大学计算机科学教授________女士于 2006 年提出的。她认为，计算思维是运用________的基础概念进行________、________以及人类行为理解等涵盖计算机科学广度的一系列思维活动。

什么是计算思维 01

什么是计算思维 02

（2）计算思维是一种基于数学、工程，以________和________为核心，用于解决问题、设计程序、理解人类行为的概念。

（3）计算思维是一种思维，它以________为载体，但不仅是编程，着重解决人类与机器各自计算的优势以及问题的可计算性。人类的计算思维是用________的步骤去解决问题的，重视优化与简捷，而计算机可以从事________的、________的、________的运算。

（4）视频中是以家用电器________为例来介绍计算思维的。

3．观看视频回答问题（第 3 部分）（由教师提供视频）

观看“第一部国产电子计算机”视频，回答以下问题。

（1）1958 年 8 月，我国第一台计算机 103 研制成功，占地达________平方米，机体内有________个晶体管和________个电子管，每秒运算速度________次，成为中国________学科建立的标志。

（2）1964 年，第一部由我国完全自主设计的大型通用数字计算机 119 机研制成功，运算速度提升到每秒________次。1973 年，我国第一部________次集成电路大型计算机 1507 研制成功。1982 年，我国第一部每秒运算速度达到________次巨型计算机 757 诞生。1983 年，我国第一部每秒运算速度达到________次级银河一号研制成功，它将我国带入研制巨型机国家的行列。2009 年，我国第一部运算速度达到________次超级计算机天河一号研制成功。2010 年以来我国的天河系列及________超级计算机多次问鼎世界超级计算机 500 强。

4．绘制如图 3-1-1 所示的思维导图。

【操作提示】

绘制思维导图是指借助图文将自己的想法“画”出来，便于记忆。绘制思维导图的方法可以采用手写绘制，也可以借助专业绘制思维导图的软件（如 XMind、MindMaster 等）来绘制。

5．绘制如表 3-1-1 所示的逻辑推理图。

甲、乙、丙、丁 4 名犯罪嫌疑人因一起谋杀案而被警方审讯。他们的口供如下：甲：我没有杀人。乙：是丙干的。丙：是丁干的。丁：丙在撒谎。警方经过判断 4 人中有 3 人说的是真话，4 人中有且只有 1 人是凶手，那么凶手到底是谁？

注：用 0 表示不是凶手，用 1 表示是凶手。

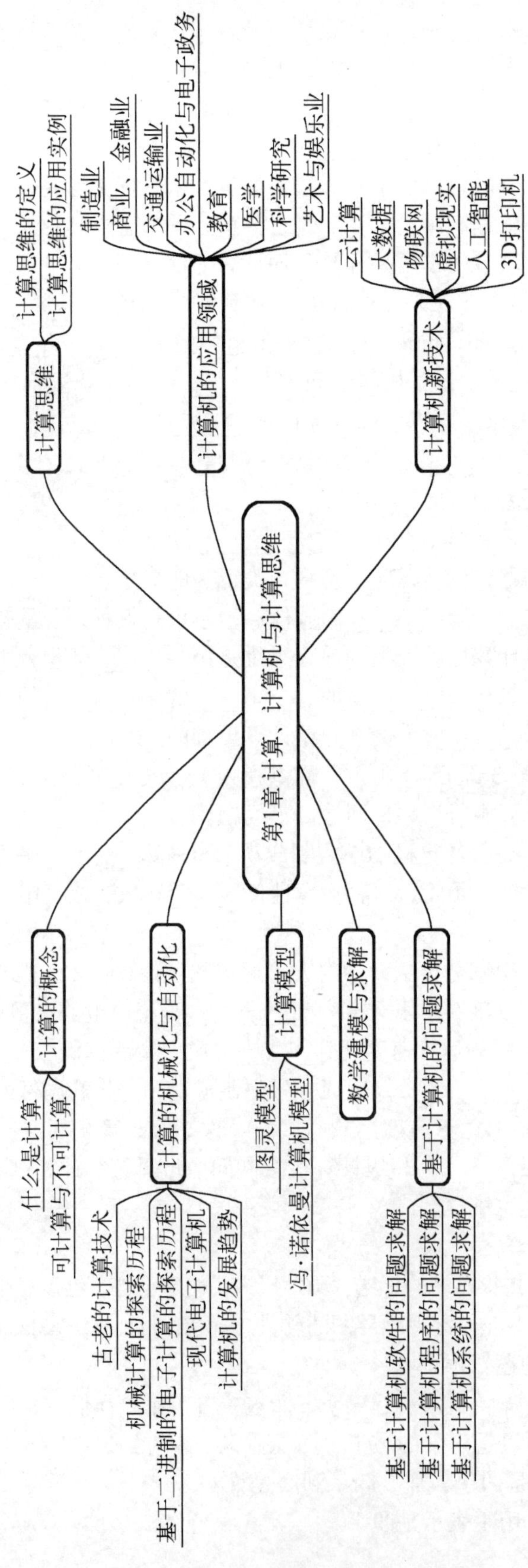

图 3-1-1 第 1 章知识点思维导图

表 3-1-1 逻辑推理图

4人	口供	关系表达式	警方	逻辑表达式表示
甲	我没有杀人	甲 = 0	4 人中 3 人说的是真话	(甲 = 0) + (丙 = 1) + (丁 = 1) + (丁 = 0) = 3
乙	是丙干的	丙 = 1		
丙	是丁干的	丁 = 1	4 人中有且只有 1 人是凶手	甲 + 乙 + 丙 + 丁 = 1
丁	丙在撒谎	丁 = 0		

【操作提示】

在 Word 窗口中，单击“插入”选项卡，在“表格”选项组的“表格”下拉菜单中选定表格的行、列数目，绘制表格。也可以在“表格”下拉菜单中选择“插入表格”选项，指定表格的行数、列数等信息进行绘制表格。还可以在“表格”下拉菜单中选择“绘制表格”选项，根据个性化的需要绘制表格。

表格中的特殊符号可以通过“插入”选项卡中的“符号”选项组完成，也可以利用“公式”或“符号”下拉菜单中的选项完成。

6. 绘制求 1 + 2 + 3 + … + 100 的算法流程图，参考图 3-1-2 实现。

【操作提示】

以 Microsoft Word 2016 为例。在 Word 窗口中，单击“插入”选项卡，在“插图”选项组的“形状”下拉菜单中选择最下方的“新建画布”选项，在 Word 文档编辑窗口中，通过拖曳绘制大小合适的画布。再利用“形状”下拉菜单中的相关形状完成绘图。

可以通过双击形状或右击形状选择“编辑文字”的方式对图 3-1-2 中形状内的文字进行修改，将光标定位到形状内部，即可输入需要的文字。对于形状外的文字，可以选择“插入”选项卡中“文本”选项组中的“文本框”选项，绘制文本框，在文本框中输入文字。

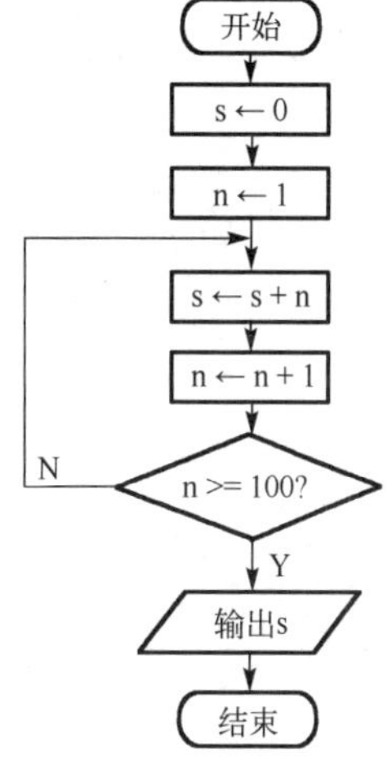

图 3-1-2 算法流程图

除 Microsoft Word 外，还可以借助一些绘图软件绘制流程图。如 Microsoft Office Visio 是 Office 软件系列中用于绘制流程图和示意图的软件，该软件提供了多种图表，如业务流程图、软件界面、网络图、工作流图表、数据库模型和软件图表等，有助于用户直观地记录、设计和完全了解业务流程和系统的状态。Raptor 是一种基于流程图的可视化程序设计环境，为程序和算法设计的基础课程教学提供实验环境。其目的是将算法可视化，避免一般编程语言学习中的语法困难。只需画出算法流程图，系统就能够按照流程图描述的命令实现其功能，而不需要编写程序。Raptor 为初学者学习算法设计求解问题提供了一个高效平台。Raptor 软件的具体操作方法可参考“实验子项目 7-1 Raptor 可视化算法流程图设计”。

实验项目 2 计算机系统概述

实验子项目 2-1 认识计算机与硬件组装

一、实验目的

1. 了解计算机的硬件构成。

2. 了解目前计算机硬件的主流配置。

3. 掌握计算机硬件组装的基本步骤。

4. 了解计算机组装的注意事项。

二、实验相关知识

计算机系统是基于计算机和数据的系统，计算机的计算对象是数据。

计算机系统包括硬件系统和软件系统。组成计算机的物理设备称为硬件，其主要部件是电子器件。计算机的软件系统包括系统软件和应用软件，系统软件是管理计算机需要的软件，如操作系统、编程语言系统、工具软件等；应用软件是解决特定的应用问题的软件。从数据的角度看，程序的主要功能就是完成数据处理。

计算机是自动运行程序的，它从存储器中加载程序并在 CPU 中执行。在执行过程中，计算机从存储器中读取数据和保存数据，或者输出数据到外部设备上。

三、实验任务

1. 冯 · 诺依曼体系结构功能描述

要求将表 3-2-1 中第 1 列的功能序号填入第 3 列中，即将设备可以完成的功能与设备名称对应。

表 3-2-1　冯·诺依曼体系结构功能表

<table>
<tr><th colspan="2">功能</th><th>设备名称</th><th>设备可以完成的功能</th></tr>
<tr><td>（1）接收原始数据</td><td>（2）接收二进制数据</td><td>运算器</td><td></td></tr>
<tr><td>（3）输出原始数据</td><td>（4）输出二进制数据</td><td>控制器</td><td></td></tr>
<tr><td>（5）存储程序</td><td>（6）存储原始数据</td><td>存储器</td><td></td></tr>
<tr><td>（7）存储二进制数据</td><td>（8）加工原始数据</td><td>输入设备</td><td></td></tr>
<tr><td>（9）加工二进制数据</td><td>（10）传输原始数据</td><td rowspan="2">输出设备</td><td rowspan="2"></td></tr>
<tr><td colspan="2">（11）传输二进制数据</td></tr>
</table>

2. 计算机硬件信息的获取

要求尽可能多地获取当前使用计算机的硬件配置信息，并将查到的信息填入表 3-2-2 中。

表 3-2-2　计算机硬件配置信息

名称	厂家型号	主要指标	名称	厂家型号	主要指标
显示器			声卡		
键盘			主机箱		
电源			内存		
硬盘			鼠标		
主板			显卡		
CPU			光驱		

【操作提示】

可以通过以下方法获取计算机的硬件配置信息，以 Windows 10 操作系统为例。

（1）查看硬件的商标及标签，如键盘、鼠标、显示器、机箱等。

在 Windows 10 的“开始”菜单右侧的搜索框中输入“控制面板”，在打开的界面中双击“系统和安全”和“系统”按钮，打开如图 3-2-1 所示的窗口，查看 CPU 和内存等信息。也可以右击桌面上“此电脑”图标，单击“属性”按钮，同样可以打开如图 3-2-1 所示的窗口。单击图 3-2-1 左侧的“设备管理器”选项，打开如图 3-2-2 所示的窗口，查看相关硬件信息。

图 3-2-1　“系统”窗口

（2）同时按下 Windows+R 快捷键，打开“运行”对话框，在“打开”文本框中输入“dxdiag”，单击“确定”按钮（见图 3-2-3），可打开如图 3-2-4 所示的“DirectX 诊断工具”窗口。然后切换选项卡并记录相关硬件信息。

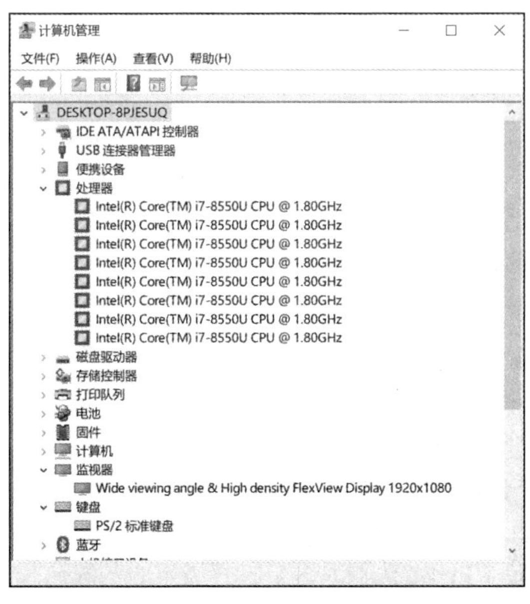

图 3-2-2　“计算机管理”窗口

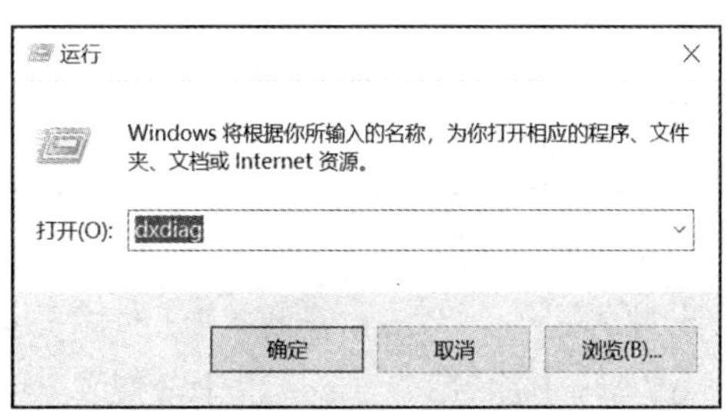

图 3-2-3　“运行”对话框

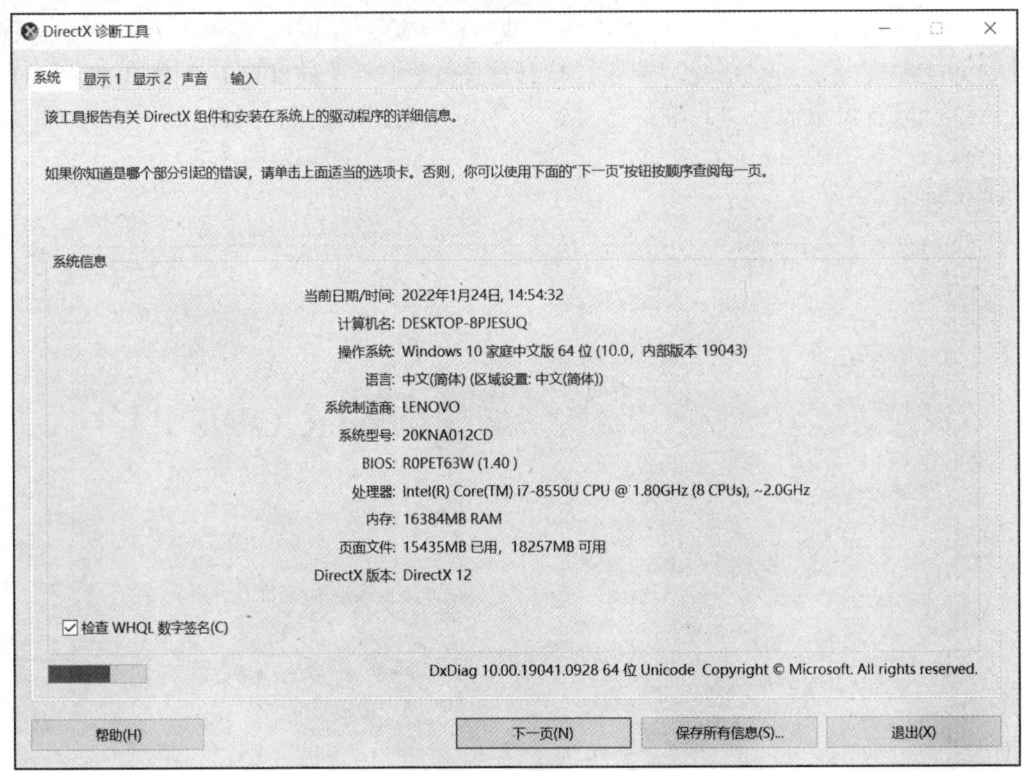

图 3-2-4 “DirectX 诊断工具”窗口

（3）在断电的情况下，拆开计算机主机，查看并记录相关硬件信息。

3. 计算机组装视频

观看计算机组装视频（由教师提供），根据计算机组装视频提供的信息，回答以下问题。

（1）将本视频中计算机主要部件的安装顺序填入表 3-2-3 中。顺序用 1, 2, …表示。注意，原则上先安装机箱内部部件，再安装外部部件，安装顺序以视频中的顺序为准。

表 3-2-3 计算机安装顺序记录表

名称	安装顺序	名称	安装顺序
CPU		散热器（风扇）	
机械硬盘		电源	
主板		DVD 光驱	
固态硬盘		内存条	
独立显卡		电源线及数据线	
主板接口及指示灯		机箱盖	

（2）CPU 的型号是________，是________位的。CPU 插座的接口有针脚式和触电式，视频中出现的是________。安装 CPU 时的防插反设计是利用________标识表示的。通常需要在 CPU 散热片上涂抹________用于散热。当安装 CPU 散热器时，要将其风扇的电源插头连接到________上。CPU 的供电接口是________Pin（针脚数）。

（3）主板的架构是________。主板电源线是________Pin（针脚数）。主板提供了________个 PCI 插槽，________个 PCI-E 插槽。

（4）视频中使用的内存插槽容量为________。

（5）硬盘包括机械硬盘、固态硬盘及混合硬盘，该计算机使用的是________。硬盘的容量为________，硬盘的结构是________接口。

（6）显卡分为集成显卡和独立显卡，该计算机使用的是________。若使用的是独立显卡，则显卡安装在________插槽上。

（7）安装的网卡型号为________，网卡安装在________插槽上。

（8）计算机使用的键盘和鼠标分别通过________和________接口与机箱连接。

4. DIY 攒机

（1）根据用途、预算等进行模拟攒机，填写如表 3-2-4 所示的计算机硬件配置单。

表 3-2-4 计算机硬件配置单

<table>
<tr><td colspan="7">学生个人信息</td></tr>
<tr><td>学校</td><td></td><td>学院</td><td></td><td>专业</td><td colspan="2"></td></tr>
<tr><td>学号</td><td></td><td>姓名</td><td></td><td>班号</td><td colspan="2"></td></tr>
<tr><td>攒机用途</td><td colspan="3"></td><td>完成日期</td><td colspan="2"></td></tr>
<tr><td>资金预算</td><td colspan="3"></td><td>信息渠道</td><td colspan="2"></td></tr>
<tr><td colspan="7">硬件配置信息</td></tr>
<tr><td>名称</td><td>厂商</td><td colspan="3">型号和主要指标</td><td>数量</td><td>单价</td></tr>
<tr><td>主板</td><td></td><td colspan="3"></td><td></td><td></td></tr>
<tr><td>CPU</td><td></td><td colspan="3"></td><td></td><td></td></tr>
<tr><td>内存</td><td></td><td colspan="3"></td><td></td><td></td></tr>
<tr><td>硬盘</td><td></td><td colspan="3"></td><td></td><td></td></tr>
<tr><td>光驱</td><td></td><td colspan="3"></td><td></td><td></td></tr>
<tr><td>显示器</td><td></td><td colspan="3"></td><td></td><td></td></tr>
<tr><td>机箱</td><td></td><td colspan="3"></td><td></td><td></td></tr>
<tr><td>电源</td><td></td><td colspan="3"></td><td></td><td></td></tr>
<tr><td>鼠标</td><td></td><td colspan="3"></td><td></td><td></td></tr>
<tr><td>键盘</td><td></td><td colspan="3"></td><td></td><td></td></tr>
<tr><td>其他 1</td><td></td><td colspan="3"></td><td></td><td></td></tr>
<tr><td>其他 2</td><td></td><td colspan="3"></td><td></td><td></td></tr>
<tr><td>总价</td><td colspan="6"></td></tr>
</table>

（2）计算机硬件配置单中至少包括主板、CPU、内存、硬盘、光驱、显示器、机箱、电源、鼠标、键盘等部件的配置。

【操作提示】

可参考太平洋电脑网、中关村在线等网站，也可从当地计算机市场或相关报刊获取信息。

实验项目 3　操作系统基础

实验子项目 3-1　Windows 10 系统文件和磁盘的管理

一、实验目的

1．掌握资源管理器的基本操作方法。

2．掌握文件和文件夹的常用操作方法。

3．熟悉任务管理器和 WinRAR 等常用工具的使用方法。

二、实验相关知识

操作系统是管理和控制计算机硬件和软件资源的计算机程序，它为整个计算机系统提供了软件平台的支持。操作系统是直接运行在“裸机”上的最基本的系统软件，它不仅是用户和计算机的接口，还是计算机硬件和其他软件的接口。伴随着计算机硬件技术的飞速发展，操作系统经历了从无到有、功能从弱到强的发展历程。操作系统的不断发展使得人们对于软件平台的需求从最初的实现基本的科学计算逐步转变为更加高效的多任务并行计算、多用户共享资源，以及更加便捷、高效地进行人机交互。

三、实验任务

1．“资源管理器”的使用

（1）将查看 C 盘的方式设置为“详细信息”方式，如图 3-3-1 所示。

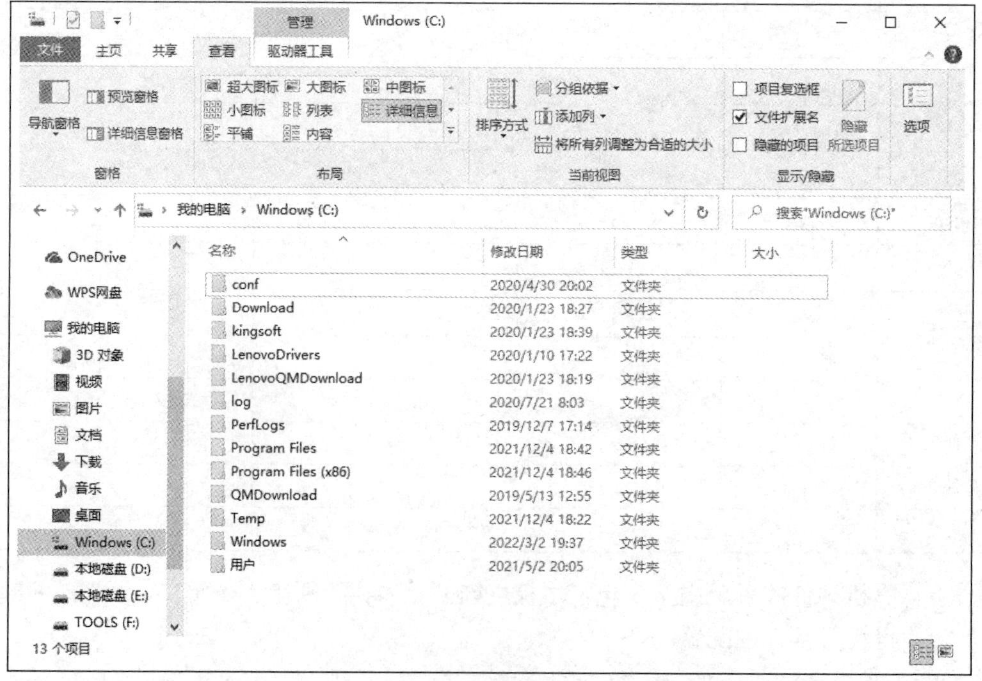

图 3-3-1　“详细信息”窗口

【操作提示】

双击“此电脑（我的电脑）”图标，打开资源管理器，双击C:图标。

方法1：依次选择“查看”→“布局”→“详细信息”命令。

方法2：右击右窗格空白处，在弹出的快捷菜单中依次选择“查看”→“详细信息”命令。

（2）将Windows主目录的排序方式设置为“类型”方式，如图3-3-2所示。

【操作提示】

打开C盘的Windows文件夹。

方法1：依次选择“查看”→“排序方式”→“类型”命令。

方法2：右击右窗格空白处，在弹出的快捷菜单中依次选择“排序方式”→“类型”命令。

（3）将第（1）和第（2）项中设置好的查看、排序方式应用到所有文件夹，如图3-3-3所示。

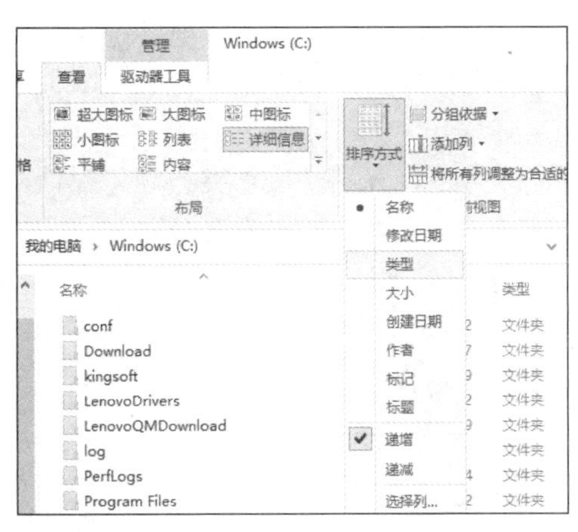

图3-3-2　将排序方式设置为“类型”方式

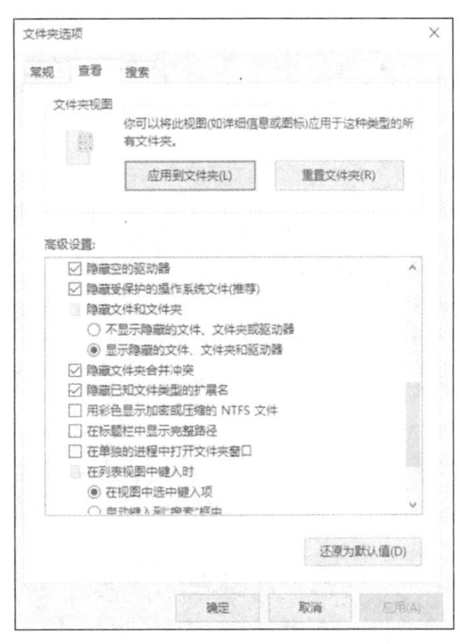

图3-3-3　“文件夹选项”对话框

【操作提示】

依次选择“查看”→“选项”命令，在弹出的“文件夹选项”对话框中进行设置，具体设置步骤如下。

步骤1：切换到“查看”选项卡。

步骤2：单击“应用到文件夹”按钮。

步骤3：选中“隐藏已知文件类型的扩展名”复选框。

步骤4：单击“确定”按钮。

（4）隐藏已知文件类型的扩展名，观察设置前后文件名的变化，如图3-3-4所示。

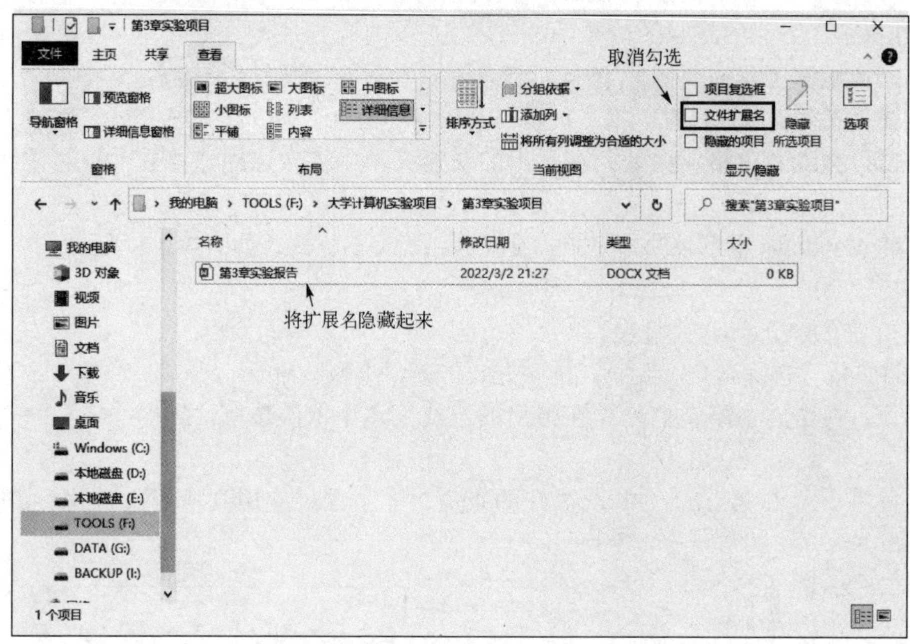

图 3-3-4　隐藏已知文件类型的扩展名

【操作提示】

双击“此电脑”图标，打开资源管理器。

步骤 1：选择“查看”选项卡，在“显示/隐藏”组中取消对“隐藏已知文件类型的扩展名”复选框的勾选。

步骤 2：依次选择“查看”→“选项”命令，然后在打开的“文件夹选项”对话框中选择“查看”选项卡，选中“隐藏已知文件类型的扩展名”复选框，相关设置如图 3-3-3 所示。

2. 创建文件夹

在 F 盘下创建一个文件夹，并将其命名为“大学计算机实验项目”，在此文件夹下依次创建“第 1 章实验项目、第 2 章实验项目、…、第 9 章实验项目，如图 3-3-5 所示。

我的电脑 › TOOLS (F:) › 大学计算机实验项目 ›

名称	修改日期	类型
第1章实验项目	2022/3/2 21:25	文件夹
第2章实验项目	2022/3/2 21:25	文件夹
第3章实验项目	2022/3/2 21:28	文件夹
第4章实验项目	2022/3/2 21:25	文件夹
第5章实验项目	2022/3/2 21:26	文件夹
第6章实验项目	2022/3/2 21:26	文件夹
第7章实验项目	2022/3/2 21:26	文件夹
第8章实验项目	2022/3/2 21:27	文件夹
第9章实验项目	2022/3/2 21:27	文件夹

图 3-3-5　创建文件夹

【操作提示】

双击“此电脑”图标，打开 F 盘。

方法 1：依次选择“主页”→“新建文件夹”命令，输入文件夹名。

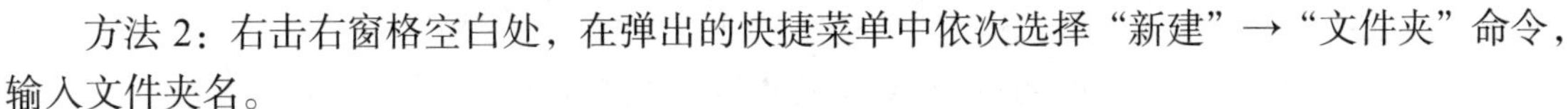

方法 2：右击右窗格空白处，在弹出的快捷菜单中依次选择“新建”→“文件夹”命令，输入文件夹名。

3. 创建文件

在“大学计算机实验项目”文件夹中分别创建文本文档“实验报告提交说明”，Word 文档“第 1 章实验报告、第 2 章实验报告、…、第 9 章实验报告”，演示文稿“实验练习”，Excel 工作表“实验项目清单”，如图 3-3-6 所示。

我的电脑 › TOOLS (F:) › 大学计算机实验项目

名称	修改日期	类型	大小
第1章实验项目	2022/3/2 21:25	文件夹	
第2章实验项目	2022/3/2 21:25	文件夹	
第3章实验项目	2022/3/2 21:28	文件夹	
第4章实验项目	2022/3/2 21:25	文件夹	
第5章实验项目	2022/3/2 21:26	文件夹	
第6章实验项目	2022/3/2 21:26	文件夹	
第7章实验项目	2022/3/2 21:26	文件夹	
第8章实验项目	2022/3/2 21:27	文件夹	
第9章实验项目	2022/3/2 21:27	文件夹	
第1章实验报告.docx	2022/3/3 19:42	DOCX 文档	0 KB
第2章实验报告.docx	2022/3/3 19:42	DOCX 文档	0 KB
第3章实验报告.docx	2022/3/3 19:42	DOCX 文档	0 KB
第4章实验报告.docx	2022/3/3 19:42	DOCX 文档	0 KB
第5章实验报告.docx	2022/3/3 19:43	DOCX 文档	0 KB
第6章实验报告.docx	2022/3/3 19:43	DOCX 文档	0 KB
第7章实验报告.docx	2022/3/3 19:43	DOCX 文档	0 KB
第8章实验报告.docx	2022/3/3 19:43	DOCX 文档	0 KB
第9章实验报告.docx	2022/3/3 19:43	DOCX 文档	0 KB
练习.rtf	2022/3/3 20:57	RTF 文件	0 KB
实验报告提交说明.txt	2022/3/3 19:43	文本文档	0 KB
实验练习.pptx	2022/3/3 21:06	PPTX 演示文稿	0 KB
实验项目清单.xlsx	2022/3/3 20:56	XLSX 工作表	7 KB

图 3-3-6 创建文件

【操作提示】

打开“大学计算机实验项目”文件夹，右击右窗格空白处，在弹出的快捷菜单中分别选择“新建”→“RTF 文档”“文本文档”“DOCX 文档”“PPTX 演示文稿”及“XLSX 工作表”命令。

4. 文件的复制与移动

（1）将“F:\大学计算机实验项目”文件夹及文件夹中的所有文件及文件夹均复制到 U 盘中。

【操作提示】

打开 F 盘，选择“大学计算机实验项目”文件夹，依次选择“主页”→“复制”命令，打开 U 盘，依次选择“主页”→“粘贴”命令。

（2）将“F:\大学计算机实验项目”文件夹中的各章实验报告 Word 文件移动到对应章节的实验项目文件夹中。

【操作提示】

方法 1：打开“大学计算机实验项目”文件夹，选择一个文件，并将其拖曳到对应文件夹中。例如，选择“第 1 章实验报告”文件，将其拖曳到“第 1 章实验项目”文件夹中。

方法 2：打开“大学计算机实验项目”文件夹，右击“第 1 章实验报告”文件，在弹出的快捷菜单中选择“剪切”命令，打开“第 1 章实验项目”文件夹，右击右窗格空白处，在弹出的快捷菜单中选择“粘贴”命令。

单击“返回”按钮，查看“大学计算机实验项目”文件夹中的“第1章实验报告”文件是否还在。依次将其他实验报告移动到对应的实验项目文件夹中。

5. 文件的搜索

（1）使用搜索功能查找C盘中的位图文件，要求文件大小为16KB～1MB。观察除了文件大小还可以设置哪些条件进行查找，如图3-3-7所示。

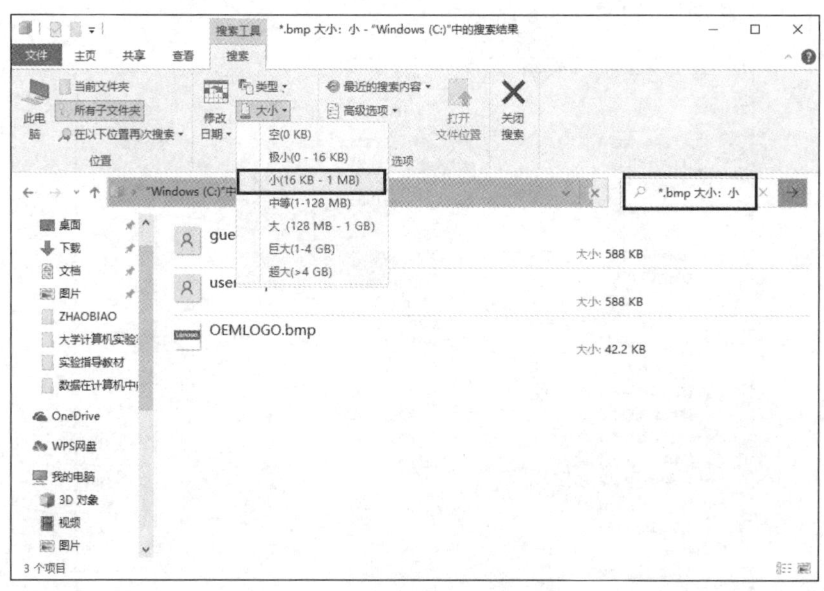

图3-3-7 按文件大小进行搜索

【操作提示】

打开C盘，在窗口右上方的搜索框中输入“*.bmp 大小：小”，按Enter键进行搜索，再单击“搜索”选项卡中的“大小”选项，在弹出的下拉菜单中选择“小(16KB - 1MB)”命令。

（2）将搜索条件以S1为文件名保存到“大学计算机实验项目”文件夹中，如图3-3-8所示。

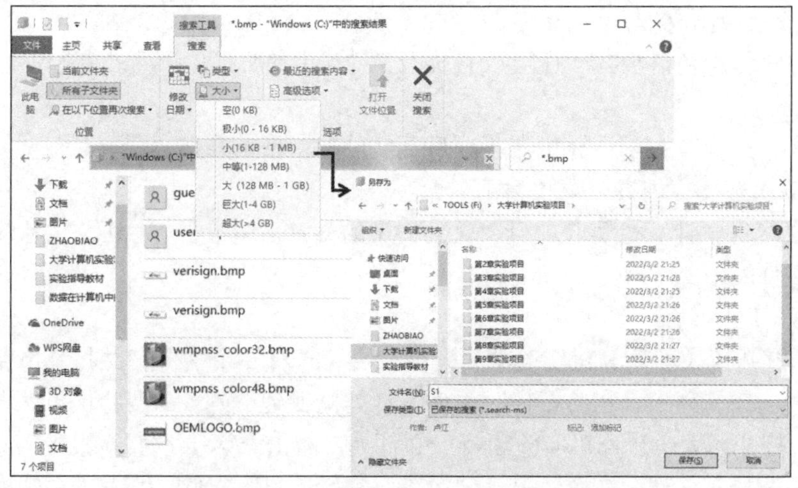

图3-3-8 搜索条件以S1为文件名保存

【操作提示】

单击“搜索”选项卡中的“保存搜索”按钮，在弹出的“另存为”对话框中设置相关选项。

（3）将搜索结果中最小的两个不同文件复制到“大学计算机实验项目”文件夹中。

【操作提示】

右击右窗格空白处，在弹出的快捷菜单中依次选择“排序方式”→“大小”命令，使搜索结果按大小排序，选择最小的两个不同文件复制到“大学计算机实验项目”文件夹中。

6. 文件的重命名

将“大学计算机实验项目”文件夹中的“练习.rtf”重命名为“test.rtf”。

【操作提示】

右击“练习.rtf”文件，在弹出的快捷菜单中选择“重命名”命令，输入文件名“test”。

7. 文件的删除与回收站的设置

（1）删除“大学计算机实验项目”文件夹中大小为0的文件。

【操作提示】

打开“大学计算机实验项目”文件夹，右击右窗格空白处，在弹出的快捷菜单中依次选择“查看”→“详细信息”命令，“排序方式”选择“大小”，使大小为0的文件全部集中在相邻位置，框选所有大小为0的文件，在阴影中右击，在弹出的快捷菜单中选择“删除”命令，或者选择文件后直接按下Delete键。

（2）进入回收站，将扩展名为.pptx的文件还原，并清空回收站。

【操作提示】

双击“回收站”图标，右击要恢复的对象，在弹出的快捷菜单中选择“还原”命令，然后单击“清空回收站”按钮。

（3）永久删除“大学计算机实验项目”文件夹中的“实验练习.pptx”。

【操作提示】

同时按住“Shift+Delete”组合键，则对象会被直接删除而不会进入回收站。

（4）查看回收站的属性。

【操作提示】

右击“回收站”图标，在弹出的快捷菜单中选择“属性”命令。

8. 文件属性的设置

（1）将“大学计算机实验项目”文件夹中的“实验项目清单.xlsx”设置为只读，如图3-3-9所示。

【操作提示】

右击“实验项目清单.xlsx”在弹出的快捷菜单中选择“属性”命令，在“常规”选项卡中选中“只读”复选框。

（2）将“大学计算机实验项目”文件夹中的“实验项目清单.xlsx”设置为隐藏，如图3-3-10所示。

【操作提示】

右击“实验项目清单.xlsx”在弹出的快捷菜单中选择“属性”命令，在“常规”选项卡中选中“隐藏”复选框。需要注意，只有在如图3-3-10所示的“文件夹选项”对话框中选中了“不显示隐藏的文件、文件夹或驱动器”单选按钮才能做到真正的隐藏，否则文件只是以灰色显示。

图 3-3-9 “只读”属性设置

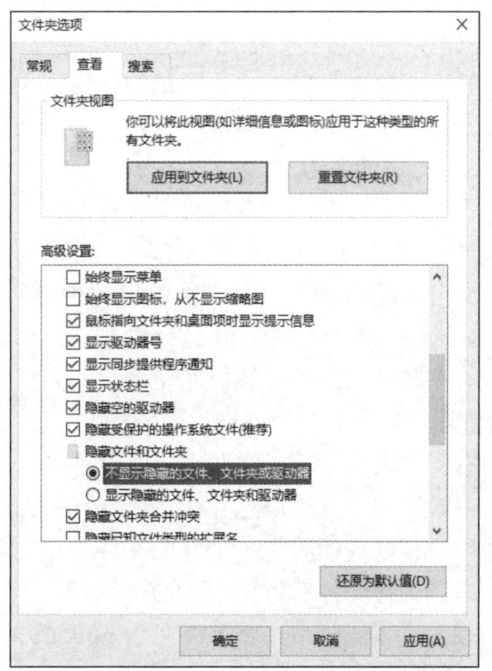

图 3-3-10 “隐藏”属性设置

9. 文件（夹）的压缩和解压缩

（1）将“大学计算机实验项目”文件夹（不包括子文件夹）中的所有扩展名为.txt 的文件压缩为 tx1.rar 文件。

【操作提示】

打开“大学计算机实验项目”文件夹，选择扩展名为.txt 的所有文件，在阴影中右击，在弹出的快捷菜单中选择“添加到压缩文件”命令，在弹出的窗口中设置压缩文件名为“tx1”，压缩文件格式为.rar，其他内容采用默认设置，最后单击“确定”按钮。

（2）将 F:\大学计算机实验项目\tx1.rar 文件解压缩到“大学计算机实验项目”文件夹中。

【操作提示】

右击 tx1.rar 文件，在弹出的快捷菜单中选择“解压文件”命令，在弹出的窗口中输入目标路径，或在窗口右部选择目标路径为“F:\大学计算机实验项目”，其他内容采用默认设置，最后单击“确定”按钮。

10. Windows 任务管理器的使用

（1）打开并观察“Windows 任务管理器”窗口。

【操作提示】

右击任务栏空白处，在弹出的快捷菜单中选择“任务管理器”命令。

（2）启动画图程序，记录画图程序的进程名称，打开“大学计算机实验项目”文件夹中的“进程.txt”文本文件，输入画图程序的进程名，如图 3-3-11 所示

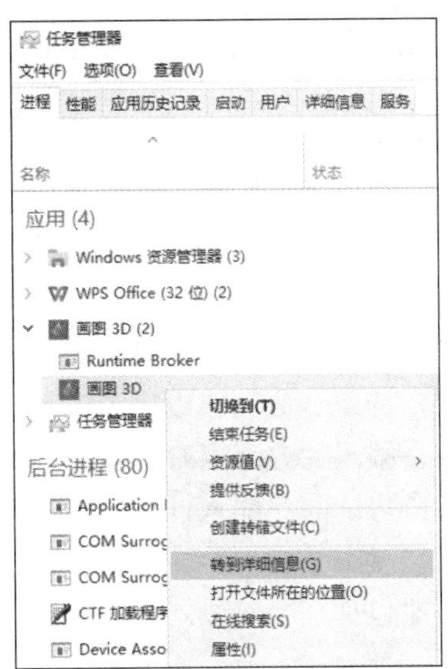

图 3-3-11 查看画图程序的进程名称

【操作提示】

启动画图程序和任务管理器，在“进程”选项卡的应用列表中找到画图程序并右击，在弹出的快捷菜单中选择“转到详细信息”命令，查看画图程序的进程名称。打开“进程.txt”，输入画图程序的进程名。

（3）终止“画图”程序的运行。

【操作提示】

切换到“进程”选项卡，选中“画图”程序，单击“结束任务”按钮。

实验项目 4 信息与编码

实验子项目 4-1 计算基础

一、实验目的

1. 理解数制的概念，掌握数制之间转换的方法。
2. 掌握原码、反码、补码的表示方法。
3. 理解字符和数值型数据在计算机中的表示形式。
4. 掌握 ASCII 码的表示方法。
5. 理解汉字的区位码、国标码和机内码的转换方法。

二、实验相关知识

从计算机应用角度看，信息是人们进行各种活动所需要获取的知识。在使用计算机采集、处理信息时，必须要将现实生活中的各类信息转换成计算机能识别的符号，再将其加工处理成新的信息。

信息与数据既有联系，又有区别。数据是信息的表现形式和载体，可以是符号、文字、数字、语音、图像、视频等。而信息是数据的内涵，信息是加载于数据之上的，对数据做具体含义的解释。

数制也称计数制，是指用一组数码符号和规则来表示数值的方法，分为进位计数制和非进位计数制。计算机在进行数据处理时必须把输入的十进制数转换成计算机能识别的二进制数，处理结束后再把二进制数转换成人们习惯的十进制数，这两个转换过程是由计算机系统自动完成的。

在计算机内部，各种信息都必须经过数字化编码后才能被传送、存储和处理。所谓编码是采用少量的基本符号，选用一定的组合原则，以表示大量、复杂多样的信息。对于不同类型的数据，其编码方式是不同的，编码的方法也有很多，包括西文字符采用 ASCII 编码；汉字编码有国标码、机内码、字形码等。对于输入计算机中的各种数据，都必须先将其转换成计算机能识别的二进制编码。

多媒体信息的数字化过程一般包括三个阶段：采样、量化和编码。

三、实验任务

（1）将其他进制数转换成十进制数。

$(10011)_B=(\quad)_D$

$(101101.101)_B=(\quad)_D$

$(167.2)_O=(\quad)_D$

$(1C4.E)_H=(\quad)_D$

（2）将十进制数转换成其他进制数。

$(23)_D=(\quad)_B$

$(0.125)_D=(\quad)_H$

$(0.7875)_D=(\quad)_O$

$(321.723)_D=(\quad)_O=(\quad)_H$

$(726)_D=(\quad)_B=(\quad)_O=(\quad)_H$

（3）二进制数、八进制数、十六进制数的转换。

$(475.2)_O=(\quad)_B$

$(A2D.07)_H=(\quad)_B$

$(11011011110111.110001)_B=(\quad)_O=(\quad)_H$

（4）将十进制数$(0.562)_D$转换成误差 ε 不大于 2^{-6} 的二进制数。

$(0.562)_D=(\quad)_B$

【操作提示】

用乘 2 取整法，结果至少保留 6 位小数。

（5）使用权值拼凑法，将十进制数 2021 转换成二进制数。

$(2021)_D=(\quad)_B$

【操作提示】

根据二进制数的权值（如 1 字节的从高到低的各位权值依次是 128, 64, 32, 16, 8, 4, 2, 1），拼凑出 2021 的值，进而实现转换。

（6）将下列一组数按照从小到大的顺序排列。

$(11011001)_B$　　$(135.6)_O$　　$(27)_D$　　$(3AF)_H$

【操作提示】

将这一组数转换成相同进制数，如十进制数，然后进行比较。

（7）完成以下二进制数的算术运算和逻辑运算。

算术运算：1101 + 1010 = (　　)。

1110 − 1011 = (　　)。

1101 × 1010 = (　　)。

逻辑与运算：1101 and 1010 = (　　)。

逻辑或运算：1101 or 1010 = (　　)。

逻辑非：not 1001 = (　　)。

逻辑异或：1101 xor 1010 = (　　)。

（8）给出十进制浮点数 32.625 在计算机中的表示。假定 1 个浮点数用 2 字节来表示，其中阶符和数符各占 1 位，阶码占 4 位，尾数占 10 位。

（9）原码、反码和补码的转换：已知 x = +1100110，y = −1100111，分别求出 x 和 y 的原码、反码和补码。

（10）给出以下字符的 ASCII 码形式及对应的十进制数。

① 空格　② A　③ a　④ B　⑤ b　⑥ 0　⑦ 9

（11）写出下列布尔表达式的值。

```
'B' >'0'and 'B'< '9'or 'B'>='A'and'B'<='Z'
'B'>=' 'or'b'<= 'B and'0'>=' 'or'a'< 'A'
```

（12）设 A = 2，B = 3，C = 4，D = 5，写出下列布尔表达式的值。

```
A <= B and C >= D or A + B >= D
not 2*A <= C or A + C >= B + D and B = A + C
A xor B < C or not D and A < D
```

（13）已知汉字“中”存放于第 54 区的第 48 位，给出汉字“中”的区位码、国标码和机内码。

（14）某单位要选拔干部，其必要条件是同时满足以下三个条件：年龄小于 35 岁、党员、高级工程师，则逻辑表达式是____________。若满足三个条件中的一个即可，则逻辑表达式是____________。

【操作提示】

假设三个条件表达式分别用 A、B、C 表示，逻辑或运算符号为“+”，逻辑与运算符号为“×”。

（15）有一名艺术系的女生，通过联谊认识了一位程序员，发现两人是同乡就交流了一阵子。某天凌晨，程序员突然发来一串数字：73、76、79、86、69、85，并说“这是我想对你说的。”说完就睡觉去了。

这名女生尝试了 26 个英文字母等多种密钥都无解。最后考虑到对方是程序员，于是开始查找各种程序代码，耗费 2 个小时终于破解。

请问，程序员给女生发的数字表示的意思是________________________。

【操作提示】

ASCII 码表中大写英文字母 A 所对应的十进制数是 65。

（16）已知一个 4 栏表，表中有 1～15 共 15 个整数，根据以下 4 个选项的描述此数在该表各栏中是否存在，请判断这个数是 1～15 中的哪个数（　　）。

A．在第 1 栏中没有　　B．在第 2 栏中有

C．在第 3 栏中有　　D．在第 4 栏中没有

【操作提示】

若表中存在数字，则用 1 表示；若不存在，则用 0 表示。

（17）区分表 3-4-1 中的内容哪些是数据，哪些是信息？将表 3-4-1 第 1 列中的数据或信息前面的序号填入第 2 列和第 3 列中，即将第 1 列的内容筛选出来准确填入第 2 列和第 3 列中。

表 3-4-1　数据与信息分类表

备选项				数据	信息
①18	②女	③西安市雁塔区			
④36.8	⑤张华	⑥计算机科学	⑦98		
⑧姓名：张华，年龄：18					
⑨姓名：张华，性别女，住址：西安雁塔					
⑩姓名：张华，专业：计算机科学					
⑪姓名：张华，腋下温度：36.8					
⑫计算机科学成绩 98					

实验子项目 4-2　微课制作

一、实验目的

1．理解图像、音频、视频数值化的过程。

2．掌握图像、音频、视频的处理方法。

3．掌握图像、音频、视频处理常用软件的使用。

4．掌握微课制作的基本方法。

二、实验相关知识

“微课”是指运用信息技术，按照认知规律，呈现碎片化学习内容、过程及扩展素材的结构化数字资源，其内容以教学短视频为核心，并包含与该教学主题相关的教学设计、素材课件、教学反思、练习测试及学生反馈、教师点评等辅助性教学资源。

微课是帮助学生自主学习的短视频，“微课”的时长一般为 5 ~ 8 分钟左右，最长不宜超过 10 分钟。微课通常只讲授一两个知识点，其特点是简短明了、主题突出、形象生动。

本科大一学生在学习“大学计算机”课程时，通过制作成微课项目作品，可以掌握相关基本知识和提高计算机操作能力。该微课项目作品可作为“中国大学生计算机设计大赛”（以下简称为大赛）的参赛作品，大赛是由教育部、高校与计算机相关的教指委等独立或联合主办的，现在是全国普通高校学科竞赛排行榜的榜单赛事之一。

大赛每年举办一次，分为校赛、省赛、国赛三个级别，国赛的决赛时间一般在每年 7 月～8 月，国赛决赛采用现场演示和答辩方式。大赛的参赛对象是本科各专业学生，目前大赛内容包含多种类组，其中有微课类与课件类。

三、实验任务

选择以下项目中的一个，制作微课，完成后，提交的成果包括：时长不超过 10 分钟的短视频一个，演示文稿一份（对微课设计、构思、采用的软件等的说明），思维导图一份（项目包含的知识点），设计文档一份（阐述视频内容结构是如何设计的），反思总结报告一份。

1. 计算机是如何完成计算的？
2. 计算机是如何组成的？
3. 操作系统是如何管理计算机资源的？
4. 信息在计算机中是如何表示的？
5. 数据在计算机中是如何存储的？
6. 计算机是如何组织和管理数据的？
7. 程序是如何运行起来的？
8. 网络是如何连接的？
9. 信息在网络中是如何传输的？

【操作提示】

制作微课的方法通常有录屏和拍摄两种方法，通常要用到一些图像、音视频处理软件。图像处理通常使用 Photoshop（PS）软件，视频处理常用的软件有 Adobe Premiere（Pr）、Adobe After Effects（AE）、Camtasia Studio、会声会影、爱剪辑等。录制微课最简单的方法就是用 PPT 演示录屏的方式。

微课教学资源的开发内容和过程一般包括以下几部分：选题的确定、控制教学时长、设计教学资源与过程、安排与提炼教学语言、微课的拍摄及后期加工等环节。

微课的拍摄及后期加工：一节完整的微课应该包括美观的片头、吸人眼球且主题明确的名称、简练完整的课程内容和概括引导的片尾等。

微课项目是一项综合性项目，贯穿整个教学过程。对大一学生来说，有一定挑战，可以培养学生的主动学习能力、探究能力、表达能力、小组合作能力、创新能力等。授课教师可根据学生微课项目完成的情况来评价学生总体实验项目的完成情况。本书编者建议，若学生选择微课制作项目，则其他实验项目可不做。若微课作品获得“中国大学生计算机设计大赛”校赛二等奖以上，则平时成绩可评价为优秀。

实验项目 5　数据处理与呈现

实验子项目 5-1　Excel 数据处理基本操作

一、实验目的

1. 掌握 Excel 的基本操作方法。

2．掌握公式和函数的使用方法。

3．掌握数据图表化的操作方法。

4．掌握利用 Excel 进行数据计算、分析、管理的操作。

二、实验相关知识

数据是记载客观事物性质、状态、相互关系的物理符号或符号组合，也是可被识别的、抽象的符号。计算机中的数据分为数值型和非数值型两类。信息是有意义的，而数据是没有意义的，数据的价值主要体现在为各种信息提供支持。在不同应用中，对数据的描述方式或呈现方式通常不尽相同。数据处理是对数据的采集、存储、检索、加工、变换和传输。数据处理的基本目的是从大量的、杂乱无章的、难以理解的数据中抽取并推导出对于人们来说有价值、有意义的数据。

数据处理方式有很多，主要包括 4 种方式：① 利用各种应用程序；② 利用数据库管理软件；③ 利用程序设计进行数据处理；④ 利用系统工程进行数据处理。

本实验项目是利用 Excel 进行数据处理的一个样例项目。

三．实验任务

1．建立工作表，输入数据

（1）在“F:\大学计算机实验项目\第 5 章实验项目”文件夹中新建一个名为“Excel 项目实验”的文件夹，在此文件夹中以“学生成绩.xlsx”为文件名新建一个 Excel 工作簿。

（2）启动 Excel。

（3）打开“学生成绩.xlsx”文件，在 Sheet1 工作表中输入如表 3-5-1 所示的学生成绩表。

表 3-5-1　学生成绩表

姓名	性别	学院	英语	高数	马哲	总分	平均分	等级	总分排名
邓凯枫	女	公路学院	98	86	87				
张大千	男	公路学院	93	100	88				
王一品	男	汽车学院	54	84	80				
刘莎莎	女	信息学院	75	80	76				
程欣	女	电控学院	84	89	86				
李凡	男	公路学院	67	72	64				
吕子萌	女	信息学院	86	73	80				
张亮	男	材料学院	88	56	84				
吕静	女	汽车学院	98	87	85				
王双华	男	电控学院	85	90	88				
李怡欣	女	信息学院	87	84	85				
李力宏	男	材料学院	82	81	26				
黄小艺	女	材料学院	78	81	79				
单科最高分									
单科最低分									
各科平均分									
及格率									
优秀率									

（4）输入数据

① 在“总分”左侧插入一列“计算机”，并输入每名学生的计算机成绩，依次为 81、86、93、95、87、60、75、90、73、76、50、63、70，如图 3-5-1 所示。

	A	B	C	D	E	F	G	H	I	J	K
1	姓名	性别	学院	英语	高数	马哲	计算机	总分	平均分	等级	总分排名
2	邓凯枫	女	公路学院	98	86	87	81				
3	张大千	男	公路学院	93	100	88	86				
4	王一品	男	汽车学院	54	84	80	93				
5	刘莎莎	女	信息学院	75	80	76	95				
6	程欣	女	电控学院	84	89	86	87				
7	李凡	男	公路学院	67	72	64	60				
8	吕子萌	女	信息学院	86	70	80	75				
9	张亮	男	材料学院	88	56	84	90				
10	吕静	女	汽车学院	98	87	85	73				
11	王双华	男	电控学院	85	90	88	76				
12	李怡欣	女	信息学院	87	84	85	50				
13	李力宏	男	材料学院	82	81	26	63				
14	黄小艺	女	材料学院	78	81	79	70				
15	单科最高分										
16	单科最低分										
17	各科平均分										
18	及格率										
19	优秀率										

图 3-5-1 插入“计算机”列的工作表窗口

【操作提示】

定位 G 列任意一个单元格，依次单击“开始”→“行和列”→“插入单元格”→“插入列”命令。

② 在“姓名”右侧插入一列“学号”，并输入每名学生的学号，依次为 009001～009013，如图 3-5-2 所示。

	A	B	C	D	E	F	G	H	I	J	K	L
1	姓名	学号	性别	学院	英语	高数	马哲	计算机	总分	平均分	等级	总分排名
2	邓凯枫	009001	女	公路学院	98	86	87	81				
3	张大千	009002	男	公路学院	93	100	88	86				
4	王一品	009003	男	汽车学院	54	84	80	93				
5	刘莎莎	009004	女	信息学院	75	80	76	95				
6	程欣	009005	女	电控学院	84	89	86	87				
7	李凡	009006	男	公路学院	67	72	64	60				
8	吕子萌	009007	女	信息学院	86	70	80	75				
9	张亮	009008	男	材料学院	88	56	84	90				
10	吕静	009009	女	汽车学院	98	87	85	73				
11	王双华	009010	男	电控学院	85	90	88	76				
12	李怡欣	009011	女	信息学院	87	84	85	50				
13	李力宏	009012	男	材料学院	82	81	26	63				
14	黄小艺	009013	女	材料学院	78	81	79	70				
15	单科最高分											
16	单科最低分											
17	各科平均分											
18	及格率											
19	优秀率											

图 3-5-2 插入“学号”列的工作表窗口

【操作提示】

插入“学号”列后，定位 B2 单元格，在输入法为英文状态下录入'009001，将光标移到 B2 单元格的右下角，出现填充柄后（+符号），拖曳填充柄到 B14。

2. 工作表的编辑和格式化

在工作表 Sheet1 后插入 4 个工作表，将工作表 Sheet1 中的数据列表复制到工作表 Sheet2 中，定位工作表的 A1 单元格后，单击“开始”→“粘贴”命令。

（1）选择工作表 Sheet2，在“性别”列右侧插入一列“专业”，并输入学生的专业名称，如交通运输，删除学院所在列。在第一行“标题行”前插入一行，在 A1 单元格中输入“学生成绩表”。将工作表中的 A1:L1 单元格合并居中，并将字体设置为黑体 20 号字。操作结果如图 3-5-3 所示。

	A	B	C	D	E	F	G	H	I	J	K	L
1	学生成绩表											
2	姓名	学号	性别	专业	英语	高数	马哲	计算机	总分	平均分	等级	总分排名
3	邓凯枫	009001	女	交通运输	98	86	87	81				
4	张大千	009002	男	交通运输	93	100	88	86				
5	王一品	009003	男	交通运输	***54***	84	80	93				
6	刘莎莎	009004	女	交通运输	75	80	76	95				
7	程欣	009005	女	交通运输	84	89	86	87				
8	李凡	009006	男	交通运输	67	72	64	60				
9	吕子萌	009007	女	交通运输	86	70	80	75				
10	张亮	009008	男	交通运输	88	***56***	84	90				
11	吕静	009009	女	交通运输	98	87	85	73				
12	王双华	009010	男	交通运输	85	90	88	76				
13	李怡欣	009011	女	交通运输	87	84	85	***50***				
14	李力宏	009012	男	交通运输	82	81	***26***	63				
15	黄小艺	009013	女	交通运输	78	81	79	70				
16	单科最高分											
17	单科最低分											
18	各科平均分											
19	及格率											
20	优秀率											

图 3-5-3 “格式设置”结果

【操作提示】

选定 A1:L1 单元格，依次单击“开始”→“对齐方式”→“合并后居中”命令。

（2）利用条件格式将不及格成绩的字体设置为：红色、斜体、加粗。操作结果如图 3-5-3 所示。

【操作提示】

选定 4 门课的单元格区域 E3:H15，依次单击“开始”→“样式”→“条件格式”→“突出显示单元格规则”→“小于”命令，设置“小于”对话框，左边输入 60，右边选“自定义格式”命令，在弹出的“设置单元格格式”对话框中的“字体”选项中找到加粗、倾斜、红色。

（3）为工作表 A2:L20 区域添加边框：外框用红色双线，内框用黑色单线。

【操作提示】

选择 A2:L20 单元格，依次单击“开始”→“字体”→“下框线”→“田 ▾”三角形按钮，选择“其他边框”，或依次单击“开始”→“单元格”→“格式”→“设置单元格格式”命令，在弹出的“设置单元格格式”对话框中的“边框”选项中，选择双线、红色后单击“外边框”命令，再选择单线、黑色后单击“内部”命令，如图 3-5-4 所示。

（4）表格中的内容对齐方式选为“居中”对齐。（此步操作简单，省略【操作提示】）

（5）将工作表 Sheet2 重命名，新的工作表名称为“条件格式”。然后单击“保存”按钮进行存盘。

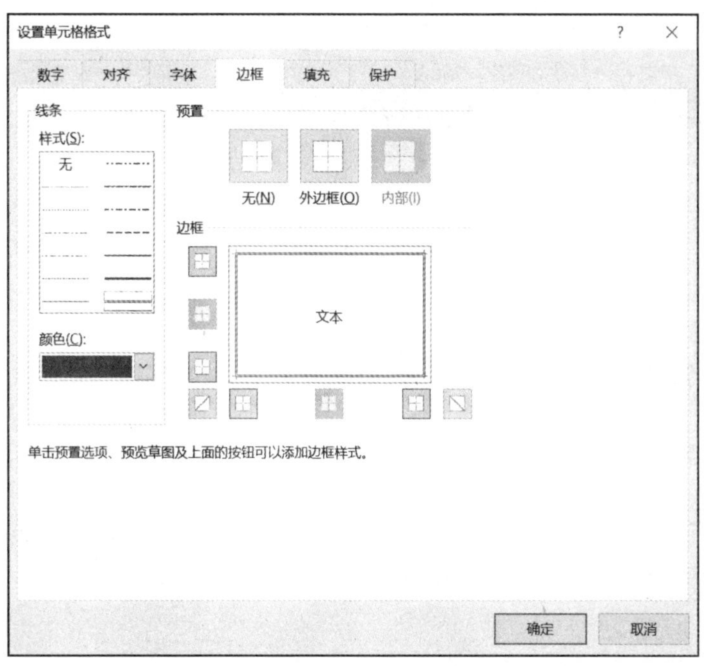

图 3-5-4　“设置单元格格式”对话框中的“边框”选项设置

【操作提示】

右击工作表窗口底部 Sheet2，在弹出的菜单中选择“重命名”命令，将工作表 Sheet2 重命名为“条件格式”，单击“确定”按钮，完成重命名操作。

3. 利用公式和函数进行数据计算

将“条件格式”工作表中的数据列表复制到工作表 Sheet3 中，按下列要求完成指定操作。计算结果如图 3-5-5 所示。

I3　fx　=E3+F3+G3+H3

	A	B	C	D	E	F	G	H	I	J	K	L
1	学生成绩表											
2	姓名	学号	性别	专业	英语	高数	马哲	计算机	总分	平均分	等级	总分排名
3	邓凯枫	009001	女	交通运输	98	86	87	81	352	88.0	良好	2
4	张大千	009002	男	交通运输	93	100	88	86	367	91.8	优秀	1
5	王一品	009003	男	交通运输	*54*	84	80	93	311	77.8	中等	8
6	刘莎莎	009004	女	交通运输	75	80	76	95	326	81.5	良好	6
7	程欣	009005	女	交通运输	84	89	86	87	346	86.5	良好	3
8	李凡	009006	男	交通运输	67	72	64	60	263	65.8	及格	12
9	吕子萌	009007	女	交通运输	86	70	80	75	311	77.8	中等	8
10	张亮	009008	男	交通运输	88	*56*	84	90	318	79.5	中等	7
11	吕静	009009	女	交通运输	98	87	85	73	343	85.8	良好	4
12	王双华	009010	男	交通运输	85	90	88	76	339	84.8	良好	5
13	李怡欣	009011	女	交通运输	87	84	85	*50*	306	76.5	中等	11
14	李力宏	009012	男	交通运输	82	81	*26*	63	252	63.0	及格	13
15	黄小艺	009013	女	交通运输	78	81	79	70	308	77.0	中等	10
16	单科最高分				98	100	88	95				
17	单科最低分				54	56	26	50				
18	各科平均分				82.7	81.5	77.5	76.8				
19	及格率				92%	92%	92%	92%				
20	优秀率				23%	23%	0%	31%				

图 3-5-5　计算结果

（1）利用公式或函数求每名学生的总分。

【操作提示】

利用公式计算：定位 I3 单元格，输入公式“=E3+F3+G3+H3”，按 Enter 键或者单击编辑栏的“确定”✓按钮，拖曳 I3 右下角的填充柄到 I15，即复制公式到 I4:I15，完成所有单元格区域总分的计算。

利用函数计算：定位 I3 单元格，依次单击“开始”→“编辑”→“自动求和”三角形按钮，选择“求和”命令，按 Enter 键或者单击编辑栏上的“确定”✓按钮，若要取消计算，则单击“取消”×按钮。拖曳 I3 右下角的填充柄到 I15，复制公式到 I4:I15，完成所有单元格区域总分的计算。

（2）利用公式求每名学生的平均分，平均分等于总分除以 4（结果保留一位小数）。

【操作提示】

定位 J3 单元格，录入“ = I3 / 4”，单击“确定”按钮。再定位 J3 单元格，依次单击“开始”→“数字”命令，单击“减少小数位数”按钮。设置好小数位数后（小数位数为一位），拖曳填充柄到 J15。

（3）利用函数求单科的最高分和最低分。

【操作提示】

定位相应单元格，依次单击“开始”→“编辑”→“自动求和”三角形按钮，分别选择“最大值”“最小值”命令，并向右拖曳填充柄。思考公式中的地址是否需要修改。

（4）利用函数求各科平均分（结果保留一位小数）。

【操作提示】

定位 E18，依次单击“开始”→“编辑”→“自动求和”三角形按钮，选择“平均值”命令，注意，将公式中的地址 E17 修改为 E15。将填充柄从 E18 向右拖曳至 H18。

（5）利用函数 IF 求学生成绩等级：若平均分高于或等于 90 分，则等级为“优秀”；若平均分高于或等于 80 分，则等级为“良好”；若平均分高于或等于 70 分，则等级为“中等”；若平均分高于或等于 60 分，则等级为“及格”；否则为“不及格”。

【操作提示】

定位 K3，输入“ = IF(J3 >= 90, "优秀", IF(J3 >= 80, "良好", IF(J3 >= 70, "中等", IF(J3 >= 60, "及格", "不及格”))))”。

（6）利用函数 RANK 求学生排名。

【操作提示】

定位 L3，输入“= RANK(I3, $I$3:$I$15)”，并将填充柄拖曳到 L15。

（7）利用函数 COUNT、COUNITF 求各科及格率和优秀率。

【操作提示】

定位 E19，输入“ = COUNITF(E3:E15, " >= 60")/COUNT(E3:E15)”（及格率 = 及格人数/总人数），拖曳 E19 填充柄向右至 H19，从而计算出各科及格率，设置单元格格式为百分比格式，结果保留两位数。

定位 E20，输入“ = COUNITF(E3:E15，" >= 90")/COUNT(E3:E15)”（优秀率 = 优秀人数/总人数），拖曳 E20 填充柄向右至 H20，从而计算出各科优秀率，设置单元格格式为百分比格式，结果保留两位数。

（8）为新表格重设表头和表线，设置自动调整列宽。

【操作提示】

依次单击“开始”→“单元格”→“格式”→“自动调整列宽”命令。

（9）将工作表“Sheet3”重命名，新的工作表名称为“函数计算”，然后单击“保存”按钮进行存盘。

（10）利用公式计算学生计算机的总评成绩

利用“选择性粘贴”功能，将备份工作表中的7列数据（姓名、学号、英语、高数、马哲、计算机、平均分）复制到Sheet4中，起始单元格为A2。在第一行A1单元格中输入“计算机总评成绩表”。将工作表中的A1:H1单元格合并居中，并设置字体为黑体20号字。将“英语、高数、马哲、计算机”分别改为“随堂测验、课堂互动、线上学习、项目实验”，将“平均分”改为“期末成绩”，在“期末成绩”右边增加一列“总评成绩”。

定位H3，输入=C3＊10%+D3＊10%+E3＊10%+F3＊20%+G3＊50%，按下回车键，并将H3填充柄拖曳到H15，操作结果如图3-5-6所示。将工作表Sheet4重命名为“计算机总评成绩”。

H3　fx　=C3*10%+D3*10%+E3*10%+F3*20%+G3*50%

	A	B	C	D	E	F	G	H	I
1	计算机总评成绩表								
2	姓名	学号	随堂测验	课堂互动	线上学习	项目实验	期末成绩	总评成绩	
3	邓凯枫	009001	98	86	87	81	88.0	87.3	
4	张大千	009002	93	100	88	86	91.8	91.2	
5	王一品	009003	54	84	80	93	77.8	79.3	
6	刘莎莎	009004	75	80	76	95	81.5	82.9	
7	程欣	009005	84	89	86	87	86.5	86.6	
8	李凡	009006	67	72	64	60	65.8	65.2	
9	吕子萌	009007	86	70	80	75	78.5	77.9	
10	张亮	009008	88	56	84	90	79.5	80.6	
11	吕静	009009	98	87	85	73	85.8	84.5	
12	王双华	009010	85	90	88	76	84.8	83.9	
13	李怡欣	009011	87	84	85	50	76.5	73.9	
14	李力宏	009012	82	81	26	63	63.0	63.0	
15	黄小艺	009013	78	81	79	70	77.0	76.3	

图3-5-6　计算机总评成绩

【操作提示】

计算机总评成绩=随堂测验×10%+课堂互动×10%+线上学习×10%+项目实验×20%+期末考试成绩×50%。

4. 数据的管理

将工作表Sheet1中的单元格区域A1:I14数据列表复制到工作表Sheet5中，定位工作表的A1单元格后，依次单击“开始”→“粘贴”命令。

（1）数据的排序

① 在工作表Sheet5中，将总分从高到低进行排序，排序结果如图3-5-7所示。

【操作提示】

单击I2定位总分单元格，单击“数据”→“排序和筛选”命令的“ZA↓”排序按钮即可。

② 在Sheet5工作表中，按总分降序排序，总分相同的按高数成绩降序排序。

【操作提示】

单击“数据”→“排序和筛选”命令的“排序”按钮，单击“添加条件”命令，在“主要关键字”下拉列表中选总分，在“次序”下拉列表中选“降序”。再单击“添加条件”命令，在“次要关键字”下拉列表中选“高数”，在“次序”下拉列表中选“降序”，如图 3-5-8 所示。观察结果，注意总分为 311 的两条记录，如图 3-5-9 所示。

	A	B	C	D	E	F	G	H	I
1	姓名	学号	性别	学院	英语	高数	马哲	计算机	总分
2	张大千	009002	男	公路学院	93	100	88	86	367
3	邓凯枫	009001	女	公路学院	98	86	87	81	352
4	程欣	009005	女	汽车学院	84	89	86	87	346
5	吕静	009009	女	信息学院	98	87	85	73	343
6	王双华	009010	男	电控学院	85	90	88	76	339
7	刘莎莎	009004	女	公路学院	75	80	76	95	326
8	张亮	009008	男	信息学院	88	56	84	90	318
9	吕子萌	009007	女	材料学院	86	70	80	75	311
10	王一品	009003	男	汽车学院	54	84	80	93	311
11	黄小艺	009013	女	电控学院	78	81	79	70	308
12	李怡欣	009011	女	信息学院	87	84	85	50	306
13	李凡	009006	男	材料学院	67	72	64	60	263
14	李力宏	009012	男	材料学院	82	81	26	63	252

图 3-5-7　排序结果

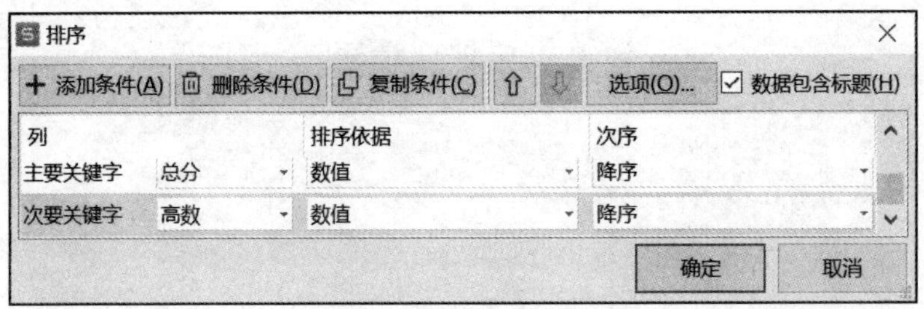

图 3-5-8　“自定义排序”设置

	A	B	C	D	E	F	G	H	I
1	姓名	学号	性别	学院	英语	高数	马哲	计算机	总分
2	张大千	009002	男	公路学院	93	100	88	86	367
3	邓凯枫	009001	女	公路学院	98	86	87	81	352
4	程欣	009005	女	汽车学院	84	89	86	87	346
5	吕静	009009	女	信息学院	98	87	85	73	343
6	王双华	009010	男	电控学院	85	90	88	76	339
7	刘莎莎	009004	女	公路学院	75	80	76	95	326
8	张亮	009008	男	信息学院	88	56	84	90	318
9	王一品	009003	男	汽车学院	54	84	80	93	311
10	吕子萌	009007	女	材料学院	86	70	80	75	311
11	黄小艺	009013	女	电控学院	78	81	79	70	308
12	李怡欣	009011	女	信息学院	87	84	85	50	306
13	李凡	009006	男	材料学院	67	72	64	60	263
14	李力宏	009012	男	材料学院	82	81	26	63	252

图 3-5-9　排序结果

③ 将工作表 Sheet5 重命名为“排序”，单击“保存”按钮。

（2）数据的筛选

将排序后的工作表的数据列表复制到工作表 Sheet6 中，起始单元格为 A1 单元格。

① 在工作表 Sheet6 中，筛选出公路学院总分高于 350 的学生，筛选的结果如图 3-5-10 所示。

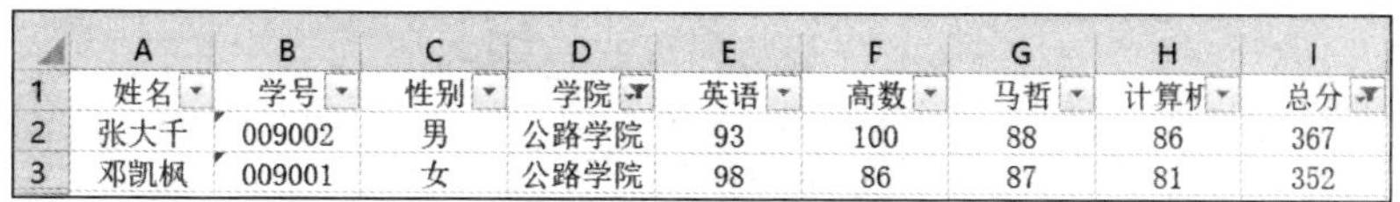

	A	B	C	D	E	F	G	H	I
1	姓名	学号	性别	学院	英语	高数	马哲	计算机	总分
2	张大千	009002	男	公路学院	93	100	88	86	367
3	邓凯枫	009001	女	公路学院	98	86	87	81	352

图 3-5-10 筛选的结果

【操作提示】

定位数据区域内任意一个单元格，依次单击“数据”→“排序和筛选”→“筛选”命令，先单击“学院”下拉按钮，仅勾选“公路学院”，然后单击“总分”筛选按钮，依次单击“数字筛选”→“大于”命令，然后在其后下拉列表中输入“350”。

② 在 Sheet6 工作表中，筛选出学院名称为信息学院或者总分高于 350 的学生。

【操作提示】

在 D17:E19 单元格区域中先输入条件区域，单击数据列表区域 A1:I14 中的任意一个位置，再单击“数据”→“排序和筛选”→“高级”命令，在弹出的“高级筛选”对话框中选择“在原有区域显示筛选结果”单选按钮，“列表区域”选择“A1:I14”，“条件区域”选择“D17:E19”，如图 3-5-11 所示。最终筛选结果显示有 5 条记录，如图 3-5-12 所示。

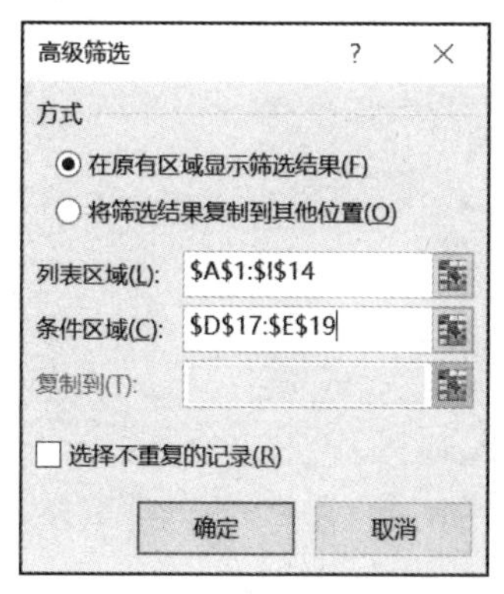

图 3-5-11 “高级筛选”对话框

	A	B	C	D	E	F	G	H	I
1	姓名	学号	性别	学院	英语	高数	马哲	计算机	总分
2	张大千	009002	男	公路学院	93	100	88	86	367
3	邓凯枫	009001	女	公路学院	98	86	87	81	352
5	吕静	009009	女	信息学院	98	87	85	73	343
8	张亮	009008	男	信息学院	88	56	84	90	318
12	李怡欣	009011	女	信息学院	87	84	85	50	306
15									
16									
17				学院	总分				
18				信息学院					
19					>350				

图 3-5-12 “高级筛选”的结果

③ 将工作表 Sheet6 重命名为“筛选”，单击“保存”按钮存盘并退出。

（3）数据的分类汇总

将工作表 Sheet6 的数据列表复制到工作表 Sheet7 中，起始单元格为 A1 单元格。

① 对工作表 Sheet7 中的数据进行分类汇总：按“学院名称”分类求出各学院的总分平均值（保留 1 位小数），操作结果如图 3-5-13 所示。

【操作提示】

首先定位 D1，单击“升序”按钮，对学院名称进行排序；其次单击“数据”→”分级显示”→“分类汇总”命令，在弹出的“分类汇总”对话框中（见图 3-5-13 右部方框）的“分类字段”下拉列表中选择“学院”，在“汇总方式”下拉列表中选择“平均值”，在“选定汇总项”下拉框中勾选“总分”复选框，同时勾选“替换当前分类汇总”与“汇总结果显示在数据下方”复选框，单击“确定”按钮。另外，需要设置总分平均值保留 1 位小数。

② 嵌套分类汇总：保留①的结果，再按“学院”名称求出各“学院”的学生人数。操作结果如图 3-5-14 所示。

	A	B	C	D	E	F	G	H	I
1	姓名	学号	性别	学院	英语	高数	马哲	计算机	总分
2	吕子萌	009007	女	材料学院	86	70	80	75	311
3	李凡	009006	男	材料学院	67	72	64	60	263
4	李力宏	009012	男	材料学院	82	81	26	63	252
5				材料学院 平均值					275.3
6	王双华	009010	男	电控学院	85	90	88	76	339
7	黄小艺	009013	女	电控学院	78	81	79	70	308
8				电控学院 平均值					323.5
9	张大千	009002	男	公路学院	93	100	88	86	367
10	邓凯枫	009001	女	公路学院	98	86	87	81	352
11	刘莎莎	009004	女	公路学院	75	80	76	95	326
12				公路学院 平均值					348.3
13	程欣	009005	女	汽车学院	84	89	86	87	346
14	王一品	009003	男	汽车学院	54	84	80	93	311
15				汽车学院 平均值					328.5
16	吕静	009009	女	信息学院	98	87	85	73	343
17	张亮	009008	男	信息学院	88	56	84	90	318
18	李怡欣	009011	女	信息学院	87	84	85	50	306
19				信息学院 平均值					322.3
20				总平均值					318.6

分类汇总
分类字段(A): 学院
汇总方式(U): 平均值
选定汇总项(D): 高数 马哲 计算机 ☑总分
☑ 替换当前分类汇总(C)
☐ 每组数据分页(P)
☑ 汇总结果显示在数据下方(S)
全部删除(R) 确定 取消

图 3-5-13 “分类汇总”的结果

	A	B	C	D	E	F	G	H	I
1	姓名	学号	性别	学院	英语	高数	马哲	计算机	总分
2	吕子萌	009007	女	材料学院	86	70	80	75	311
3	李凡	009006	男	材料学院	67	72	64	60	263
4	李力宏	009012	男	材料学院	82	81	26	63	252
5				材料学院 计数					3
6				材料学院 平均值					275.3
7	王双华	009010	男	电控学院	85	90	88	76	339
8	黄小艺	009013	女	电控学院	78	81	79	70	308
9				电控学院 计数					2
10				电控学院 平均值					323.5
11	张大千	009002	男	公路学院	93	100	88	86	367
12	邓凯枫	009001	女	公路学院	98	86	87	81	352
13	刘莎莎	009004	女	公路学院	75	80	76	95	326
14				公路学院 计数					3
15				公路学院 平均值					348.3
16	程欣	009005	女	汽车学院	84	89	86	87	346
17	王一品	009003	男	汽车学院	54	84	80	93	311
18				汽车学院 计数					2
19				汽车学院 平均值					328.5
20	吕静	009009	女	信息学院	98	87	85	73	343
21	张亮	009008	男	信息学院	88	56	84	90	318
22	李怡欣	009011	女	信息学院	87	84	85	50	306
23				信息学院 计数					3
24				信息学院 平均值					322.3
25				总计数					13.0
26				总平均值					318.6

分类汇总
分类字段(A): 学院
汇总方式(U): 计数
选定汇总项(D): 高数 马哲 计算机 ☑总分
☐ 替换当前分类汇总(C)
☐ 每组数据分页(P)
☑ 汇总结果显示在数据下方(S)
全部删除(R) 确定 取消

图 3-5-14 “嵌套分类汇总”的结果

【操作提示】

定位①中数据区域的任意一个单元格，依次单击“数据”→“分级显示”→“分类汇总”命令，在“分类汇总”对话框中进行设置，在“分类字段”下拉列表中选择“学院”，在“汇总方式”下拉列表中选择“计数”，在“选定汇总项”下拉栏中选择“总分”复选框，取消对“替换当前分类汇总”复选框的勾选，最后单击“确定”按钮。

③ 复制分类汇总结果：把各学院的总分平均值的汇总结果复制到从 A28 开始的区域。操作结果如图 3-5-15 所示。

【操作提示】

将光标移动到 A1 单元格左上角，单击分级显示数字 2，选择要复制的区域，同时按下组合键“Alt+;”后，单击“开始”→“复制”按钮，再单击 A28 单元格，将对应的内容粘贴到指定区域。

④ 将工作表 Sheet7 重命名为“分类汇总”，单击“保存”按钮存盘。

1 2 3 4		A	B	C	D	E	F	G	H	I
	1	姓名	学号	性别	学院	英语	高数	马哲	计算机	总分
+	6				材料学院 平均值					275.3
+	10				电控学院 平均值					323.5
+	15				公路学院 平均值					348.3
+	19				汽车学院 平均值					328.5
+	24				信息学院 平均值					322.3
-	25				总计数					13.0
	26				总分均值					318.6
	27									
	28		材料学院 平均值					275.3		
	29		电控学院 平均值					323.5		
	30		公路学院 平均值					348.3		
	31		汽车学院 平均值					328.5		
	32		信息学院 平均值					322.3		
	33		总计数					13.0		
	34		总分均值					318.6		

图 3-5-15 各学院的总分平均值的汇总结果

（4）数据的透视表

分类汇总是指对某一字段进行分类统计，如果对两个以上字段进行分类统计，那么就需要用到数据透视表。

选择 Sheet1 中单元格区域 A1:I14 数据列表，并将其复制到工作表 Sheet8 中，定位工作表中的 A1 单元格后，在 Sheet8 中插入数据透视表。数据透视表 1 的行标签为性别，数据项为高数成绩平均值、英语成绩最高分、计算机成绩方差，位置为 A16。数据透视表 2 的行标签为学院，列标签为性别，数据项为人数，位置为 A21。

【操作提示】

定位数据区域的任意一个单元格，依次单击“插入”→“数据透视表”命令，在弹出的“创建数据透视表”对话框中，选择“选择一个表或区域”单选按钮，可以单击“表/区域”折叠按钮选择数据区域。在“选择放置数据透视表的位置”选区内选择“现有工作表”单选按钮，单击“位置”折叠按钮选择数据透视表存放的区域，设置完毕后，单击“确定”按钮，如图 3-5-16 所示。

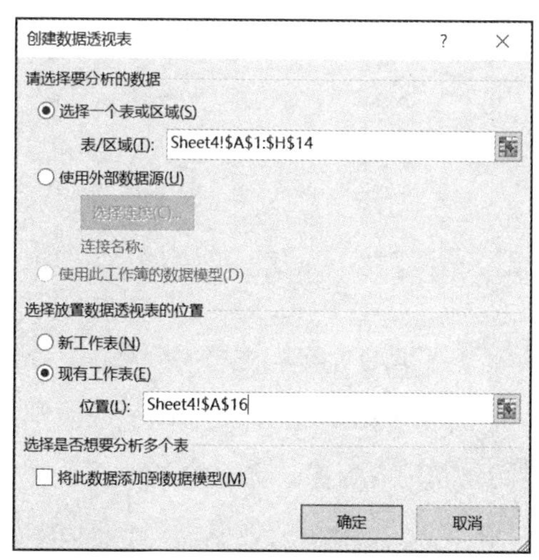

图 3-5-16 “创建数据透视表”对话框

创建数据透视表 1：从“数据透视表字段”中拖动字段“性别”到“行”区域中，拖动字段“高数、英语、计算机”到“值”区域中，单击“高数”复选框，在弹出的菜单中选择

“值字段设置”命令，在“值字段设置”对话框中进行设置，在“计算类型”下拉框中选择“平均值”选项，单击“确定”按钮，如图 3-5-17 所示。“英语”和“计算机”字段是同样的设置方法，在“计算类型”下拉框中分别选择“最大值”和“方差”选项，单击“确定”按钮，数据透视表 1 创建完毕。

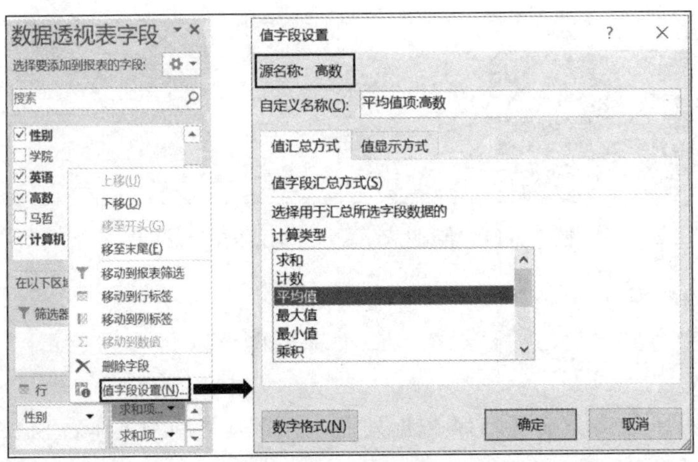

图 3-5-17　值字段设置

创建数据透视表 2：从“数据透视表字段”中拖动字段“学院”到“行”区域中，拖动字段“性别”到“列”区域中，拖动字段“姓名”到“值”区域中，单击“值”区域中的“姓名”复选框，在弹出的菜单中选择“值字段设置”命令，在“值字段设置”对话框中进行设置，在“计算类型”下拉框中选择“计数”选项，单击“确定”按钮，数据透视表 2 创建完毕。

创建数据透视表的结果如图 3-5-18 所示。

	A	B	C	D	E	F	G	H
1	姓名	学号	性别	学院	英语	高数	马哲	计算机
2	邓凯枫	009001	女	公路学院	98	86	87	81
3	张大千	009002	男	公路学院	93	100	88	86
4	王一品	009003	男	汽车学院	54	84	80	93
5	刘莎莎	009004	女	信息学院	75	80	76	95
6	程欣	009005	女	电控学院	84	89	86	87
7	李凡	009006	男	公路学院	67	72	64	60
8	吕子萌	009007	女	信息学院	86	70	80	75
9	张亮	009008	男	材料学院	88	56	84	90
10	吕静	009009	女	汽车学院	98	87	85	73
11	王双华	009010	男	电控学院	85	90	88	76
12	李怡欣	009011	女	信息学院	87	84	85	50
13	李力宏	009012	男	材料学院	82	81	26	63
14	黄小艺	009013	女	材料学院	78	81	79	70
15	数据透视表1							
16	行标签	平均值项:高数	最大值项:英语	方差项:计算机				
17	男	80.5	93	197.2				
18	女	82.42857143	98	204.809524				
19	总计	81.53846154	98	185.80769				
20	数据透视表2							
21	计数项:姓名	列标签						
22	行标签	男	女	总计				
23	材料学院	2	1	3				
24	电控学院	1	1	2				
25	公路学院	2	1	3				
26	汽车学院	1	1	2				
27	信息学院		3	3				
28	总计	6	7	13				
29								

数据透视表字段
姓名
学号
性别
学院
英语
高数
列标签
行标签
数据项

图 3-5-18　创建数据透视表的结果

5. 数据的分析

（1）利用 Sheet1 工作表中的数据制作每名学生课程成绩的比较图，并嵌入本工作表中。

【操作提示】

拖动光标选择姓名区域（A1:A14），按住 Ctrl 键不放，拖动光标选择 4 门课成绩区域（E1:H14），依次单击“插入”→“图表”命令，选簇状柱形图。

（2）观察并修改“图表工具”下的“设计”“格式”各项功能。

① 将图表标题修改为“每名学生课程成绩比较图”。

② 修改数据标签，其位置为“数据标签外”。操作结果如图 3-5-19 所示。

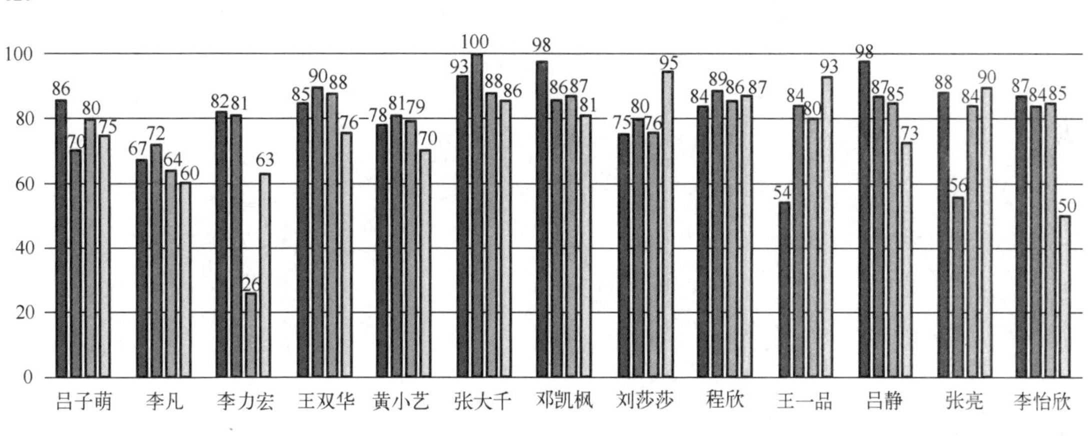

图 3-5-19 每名学生课程成绩比较图

【操作提示】

首先依次单击“图表工具”→“设计”命令，其次依次单击“图表布局”→“添加图表元素”→“数据标签”→“数据标签外”命令。

③ 设置纵坐标轴格式，其边界最小值为 10，间距为 20。

【操作提示】

右击刻度数字，单击“设置坐标轴格式”命令，弹出“设置坐标轴格式”对话框，在“边界”区域中的“最小值”文本框中输入 10.0，在“最大值”文本框中输入 110.0，在“单位”区域中的“主要”文本框中输入 20.0，如图 3-5-20 所示。

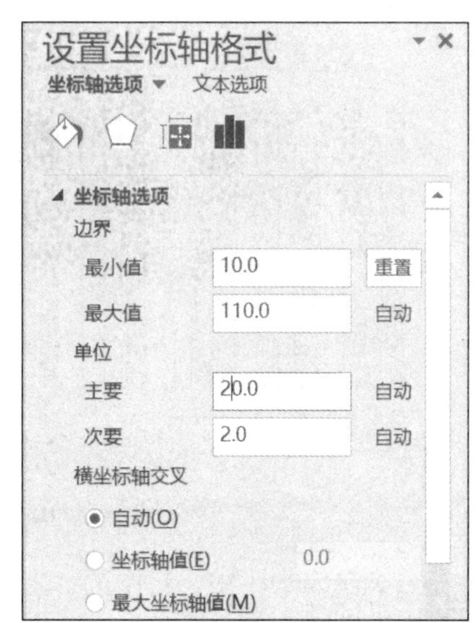

图 3-5-20 “设置坐标轴格式”对话框

④ 修改图例位置，将图例位置设置为“靠下”。

【操作提示】

右击图例，单击“设置图例格式”命令，在“图例位置”区域中，单击“靠下”单选按钮。

⑤ 删除学生的“计算机”成绩，操作结果如图 3-5-21 所示。

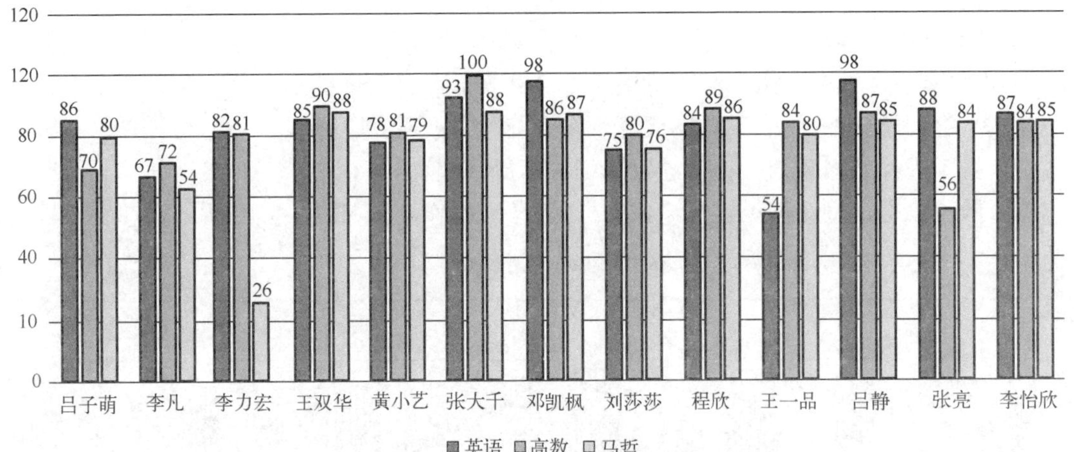

图 3-5-21 删除“计算机”成绩的操作结果

【操作提示】

单击“计算机”系列，右键选择“删除系列”命令，注意，观察列表区域的每名学生的“计算机”成绩均被删除。

⑥ 移动图表位置到独立式图表 Chart1。

【操作提示】

右击图表，选择“移动图表”命令进行移动。

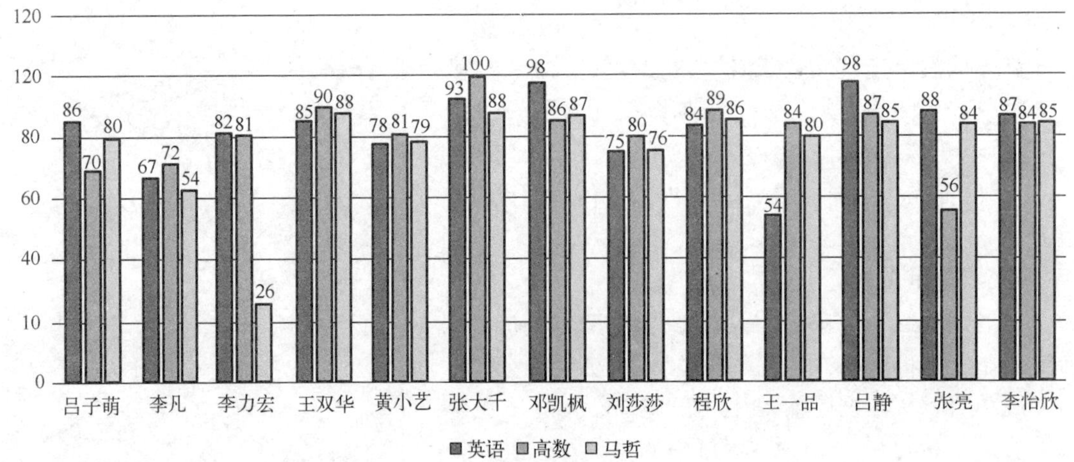

图 3-5-22 将图表移动到 Chart1

（3）在 Sheet1 中，制作黄小艺 4 门课程成绩比较图，图表类型使用簇状条形图，操作结果如图 3-5-23 所示。

【操作提示】

单击 A1，按住 Ctrl 键不放，单击 A14，拖动 E2:H2、E15:H14，选中 4 个区域后放开 Ctrl

键，然后依次单击“插入”→“图表”→“簇状条形图”命令。

黄小艺

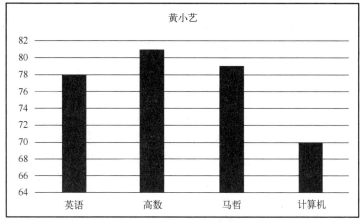

82
80
78
76
74
72
70
68
66
64

英语 高数 马哲 计算机

图 3-5-23 黄小艺 4 门课程成绩比较图

（4）利用 Sheet1 中的数据，制作每名学生的课程成绩比较迷你图，并将其放在每名学生所在行的 M 列，操作结果如图 3-5-24。

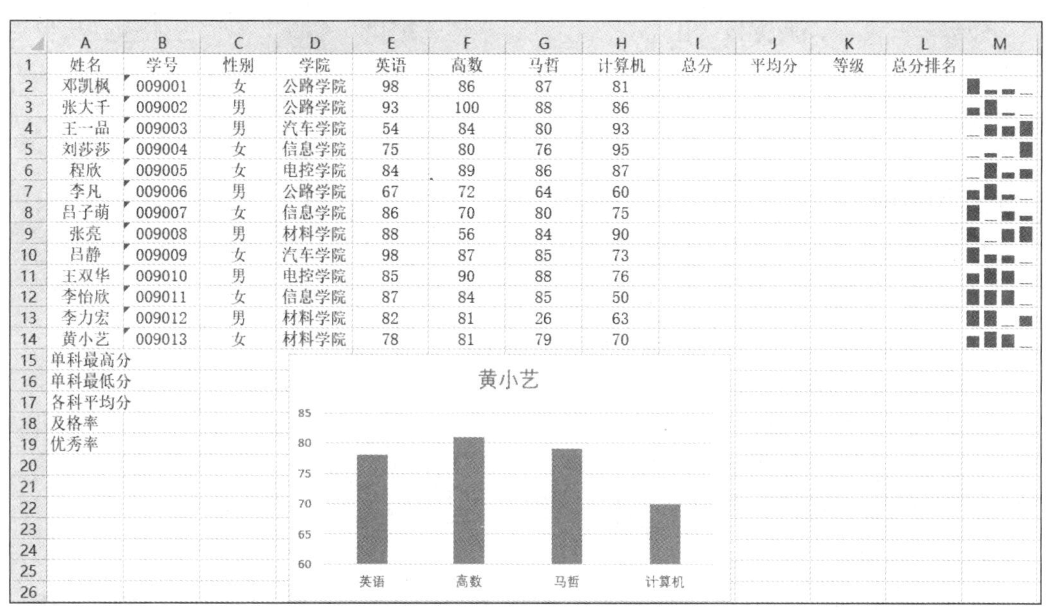

	A	B	C	D	E	F	G	H	I	J	K	L	M
1	姓名	学号	性别	学院	英语	高数	马哲	计算机	总分	平均分	等级	总分排名	
2	邓凯枫	009001	女	公路学院	98	86	87	81					
3	张大千	009002	男	公路学院	93	100	88	86					
4	王一品	009003	男	汽车学院	54	84	80	93					
5	刘莎莎	009004	女	信息学院	75	80	76	95					
6	程欣	009005	女	电控学院	84	89	86	87					
7	李凡	009006	男	公路学院	67	72	64	60					
8	吕子萌	009007	女	信息学院	86	70	80	75					
9	张亮	009008	男	材料学院	88	56	84	90					
10	吕静	009009	女	汽车学院	98	87	85	73					
11	王双华	009010	男	电控学院	85	90	88	76					
12	李怡欣	009011	女	信息学院	87	84	85	50					
13	李力宏	009012	男	材料学院	82	81	26	63					
14	黄小艺	009013	女	材料学院	78	81	79	70					
15	单科最高分												
16	单科最低分												
17	各科平均分												
18	及格率												
19	优秀率												
20													
21													
22													
23													
24													
25													
26													

图 3-5-24 每名学生的课程成绩比较迷你图

【操作提示】

依次单击“插入”→“迷你图表”→“柱形图”命令，数据范围选 E2:H2，位置选 M2，拖动 M2 单元格的填充柄到 M14。

实验子项目 5-2 调查报告

调查报告样例

一、实验目的

1. 了解信息技术在本行业、本专业的应用情况。

2．了解数据的处理过程。

3．掌握数据处理后的呈现方式。

4．掌握毕业论文的排版方法。

5．体验论文格式智能检测机器人的优势。

二、实验相关知识

调查报告是反映对某个问题、某个事件或某方面情况调查、研究所获得的成果的文章，它可以在报刊上发表，也可以供领导机关作为处理问题、制定政策的依据或参考。

调查报告是一种说明性的文体，兼有通讯和评论的某些特点，但又与两者有着明显的区别。与通讯相比，两者都有大量的事实材料，而且对事实的叙述都比较完整；但通讯往往是描述一连串的事件情节，有形象的刻画和细节的描绘，通过生动的事例和感人的形象来表现主题，而调查报告则侧重用事实说明问题，它的主题是由作者直接表述出来的。与评论相比，调查报告有鲜明的观点和理论色彩。但评论文章主要是通过逻辑推理和论证来证实其观点的，而调查报告则主要通过事实说明其观点，对调查对象做出评价，阐明其意义，或从总结观点的经验入手，讲明某个道理。

从外部形式上看，调查报告由标题、前言、主体、结语 4 个部分组成。调查方法包括开会调查、个别访问、现场观察、蹲点调查、阅读有关书面资料。本实验项目是利用 Word 进行数据处理的一个样例项目。

三、实验任务

撰写一份调查报告，题目为《信息技术在本专业的应用》，该报告的主要内容如下。

1．概述什么是信息技术。

2．简述信息技术在本行业的应用情况。

3．介绍信息技术在本专业的应用情况。

（1）数据是如何获取的？

（2）数据是由什么应用软件处理的？

（3）处理后的数据以什么方式呈现？

撰写调查报告的要求如下。

（1）对所获得的材料进行整理、分类、核实，若发现有遗漏、疑问的地方，则需要进行调查、补充。

（2）分析、思考材料的内部联系，发现事物的本质。

提交调查报告的要求如下。

（1）提交字数：不少于 1000 字。

（2）提交格式：按毕业论文格式要求进行排版，按 PDF 格式提交。

（3）提交网址：长安大学本科毕业设计（论文）管理系统（扫描右侧二维码提交论文）。

提交论文

登录账号：学号；登录密码：教师指定。

实验子项目 5-3　计算棋盘上的麦粒

一、实验目的

1. 了解数据处理的方法。
2. 掌握使用应用程序（Excel）处理数据的方法。
3. 了解使用程序处理数据的方法。

二、实验相关知识

在印度有一个古老的传说：舍罕王打算奖赏国际象棋的发明人——宰相达依尔。国王问他想要什么，他对国王说："陛下，请您在这张棋盘的第 1 个格里，赏给我 1 粒麦子，在第 2 个格里给 2 粒，第 3 个格给 4 粒，像这样，后一格里的麦粒数量总是前一格里的麦粒数的 2 倍。请您把这样摆满棋盘上所有的 64 格的麦粒，都赏给您的仆人吧！"国王觉得这要求太容易满足了，于是令人扛来一袋麦子，可很快就用完了。当人们把一袋一袋的麦子搬来开始计数时，国王才发现，就是把全印度的麦粒都拿来，也满足不了这位宰相的要求。那么，宰相要求得到的麦粒到底有多少呢?

本实验项目是利用不同方法进行数据处理的一个样例项目。

三、实验任务

分别用手工、计算器、Excel、编程的方法计算棋盘上的麦粒。

1. 尝试用手工方法计算棋盘上的麦粒

2. 使用计算器计算棋盘上的麦粒

【操作提示】

单击 Windows 的"开始"菜单，选择"计算器"命令，在打开的"计算器"界面中的"查看"选项卡中选择"科学型"选项，先输入数字"2"，再按下"x^y"按钮，然后输入 64，最后输入"–1"，得到结果并记录下来，如图 3-5-25 所示。

图 3-5-25　计算器计算的结果

3. 用 Excel 计算棋盘上的麦粒

【操作提示】

（1）启动 Excel。

（2）建立一个 Excel 工作簿，文件名为"棋盘上的麦粒.xlsx"。

（3）在工作表 Sheet1 A1 单元格中输入"棋盘格子序号"，在 A2 单元格中输入 1，A2:A65 中输入序号 1～64，可采用填充方式或拖曳填充柄方式输入序号；在 B1 单元格中输入"棋盘上的麦粒数"，在 B2 单元格中输入 1，在 B3 单元格中输入 2，在 B4 单元格中输入公式"=2*B2"，将填充柄向下拖曳到 B65，计算机结果如图 3-5-26 所示。

（4）将光标定位在 B66 单元格，依次单击"开始"→"编辑"→"自动求和"按钮，选择"求和"命令，按 Enter 键或者单击编辑栏的确认"√"按钮。

B3 =2*B2

	A	B
1	棋盘格子序号	棋盘上的麦粒数
2	1	1
3	2	2
4	3	4
5	4	8
6	5	16
7	6	32
8	7	64
9	8	128
10	9	256
11	10	512
12	11	1024
13	12	2048
14	13	4096
15	14	8192
16	15	16384
17	16	32768
18	17	65536
19	18	131072
20	19	262144
21	20	524288
22	21	1048576
23	22	2097152

B66 =SUM(B2:B65)

	A	B
1	棋盘格子序号	棋盘格子里的麦粒数
46	45	17592186044416.00
47	46	35184372088832.00
48	47	70368744177664.00
49	48	140737488355328.00
50	49	281474976710656.00
51	50	562949953421312.00
52	51	1125899906842620.00
53	52	2251799813685250.00
54	53	4503599627370500.00
55	54	9007199254740990.00
56	55	18014398509482000.00
57	56	36028797018964000.00
58	57	72057594037927900.00
59	58	144115188075856000.00
60	59	288230376151712000.00
61	60	576460752303423000.00
62	61	1152921504606850000.00
63	62	2305843009213690000.00
64	63	4611686018427390000.00
65	64	9223372036854780000.00
66	棋盘上麦粒数	18446744073709600000.00

图 3-5-26 Excel 计算结果

4. 利用 C 语言计算棋盘上的麦粒

【操作提示】

（1）具体操作过程参考本书实验子项目 7-2。

C 语言程序代码如下。

```
#include <stdio.h>              //编译预处理
int main( )
{
  int i;                        //定义变量 i
  double s = 0;                 //累加器初始化，给 s 赋初值 0
  double n = 1;                 //加数的初始化，给 n 赋初值 1
  for(i=1; i<=64; i++)          //重复 64 次
   {
     s+= n;                     //s = s + n，在前一个 s 的基础上再加 n，实现累加
     n*= 2;                     //n = n*2，在前一个 n 的基础上再乘以 2
   }
  printf("棋盘上的麦粒共有：%.0lf\n", s);        //输出 s 的值
  return 0;                                      //结束
}
```

将程序运行结果与计算器、Excel 的计算结果进行比较，思考计算结果不同的原因。

实验项目 6　数据组织与管理

实验子项目 6-1　数据查找

一、实验目的

1. 掌握数据结构的概念。

2. 理解数据线性结构的概念。

3. 了解基本的数据结构——数组。

4. 了解数据运算的概念。

二、实验相关知识

数据结构（Data Structure）是指互相之间存在着一种或多种关系的数据元素的集合。在任何问题中，数据元素之间都不会是孤立的，在它们之间都存在着这样或那样的关系，这种数据元素之间的关系称为结构。

数据结构主要研究数据之间有哪些结构关系，即如何表示、如何存储、如何处理。不同的关系和操作构成不同的组织和管理方式，也就是不同的数据结构。

数组是一种直接利用内存物理结构（计算机的特性）的最基本的数据结构之一。只需使用循环语句，就可以连续地处理数组中存储的数据，实现各种各样的算法。

在计算机应用领域中，数据查找是一种常见和重要的操作。查找（Search）也称检索，是指在数据元素集合中查找满足某种条件的数据元素的过程。最简单且最常用的查找条件是“关键字值等于某个给定值”，即在查找表中搜索关键字等于给定值的数据元素（或记录）。

常用的查找方式有顺序查找和折半查找。

（1）顺序查找（Sequential Search）又称线性查找，是最基本的查找方法之一。

基本思想：从第一个元素开始，将给定值与表中元素的关键字逐个比较，直至检索成功或直至最后一个元素检索失败为止。

（2）折半查找又称二分查找。该方法的前提是线性表中的记录必须有序且采用顺序存储。

基本思想：在有序表中，取中间记录作为比较对象，若给定值与中间记录的关键字相等，则查找成功；若小于，则在中间记录的前半区继续查找；否则在后半区继续查找。不断重复，直到查找成功（或失败）。

三、实验任务

1. 图书馆图书查找

（1）请到学校图书馆查找书名为《数据结构》的书。找到后请写出该书上的图书编号，图书编号是___________，图书编号的含义是_____________。

（2）图书在图书馆存放的位置是_________________。

（3）写出你查找图书的过程。

（4）假如你是图书管理员，如何合理地摆放成千上万本书，能使读者方便地找到所需要的图书。

（5）以图书馆里图书存放的形式为例，讨论计算机中是如何存放数据的。

2. 顺序查找

根据学生成绩数据表（见实验子项目6-2中的表3-6-4）中的“计算机”成绩数据，找出“计算机”成绩数据中的最高分。

已知表3-6-4中“计算机”的成绩分别为79，90，69，68，93，83，80，70，76，81。表中计算机的成绩数据在计算机中存储是一个线性表结构，可以用如图3-6-1所示的数组来表示。

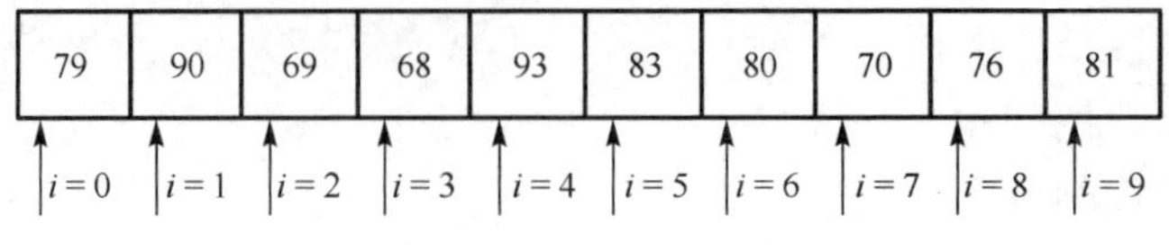

图 3-6-1　成绩数组

【操作提示】

实现顺序查找的程序代码可以用 C 语言程序实现，C 语言程序编辑、调试、运行的具体操作过程参考本书实验子项目 7-2。顺序查找的 C 语言程序代码如下。

```
#include<stdio.h>
int main()
{
  int number[10]={79, 90, 69, 68, 93, 83, 80, 70, 76, 81} ;
  int i, max=79;
  for(i=1;i<10;i++)
    {
      if(number[i]>max)
        max=number[i];
    }
  printf("计算机成绩最高分是: %d\n", max);
  return 0;
}
```

3. 折半查找

根据学生信息数据表（见实验子项目 6-2 中的表 3-6-2）Students 中的“学号”数据，找出“学号”为 1801003 的学生。已知表 3-6-2 中的“学号”分别为 1801001，1801002，1801003，1801004，1801005，1801006，1801007，1801008，1801009，1801010。表中的“学号”数据在计算机的存储是一个线性有序表结构，可以用如图 3-6-2 所示的数组来表示。

1801001	1801002	1801003	1801004	1801005	1801006	1801007	1801008	1801009	1801010

图 3-6-2　学号数组

【操作提示】

实现折半查找的程序代码可以用 C 语言程序实现，C 语言程序编辑、调试、运行的具体操作过程参考本书实验子项目 7-2。折半查找的 C 语言程序代码清单如下。

```
#include<stdio.h>
int main()
{   int num[10]={1801001, 1801002, 1801003, 1801004, 1801005,
                 1801006, 1801007, 1801008, 1801009, 1801010} ;
    int low, high, mid, x;
//变量 low、high 和 mid 分别表示待查元素所在区间的下界、上界和中间位置，x 表示要查找的元素
    low = 0;
    high =9;
    printf("请输入要查找的学号: ");
```

```
    scanf("%d", &x);                              //输入要查找的学号
    while (low<=high)
    {
      mid=(low+high)/2 ;
      if (x==num[mid]) break;                     //找到待查记录
      else if (x<num[mid])  high=mid-1;           //继续在前半区间进行检索
      else low=mid+1;                             //继续在后半区间进行检索
    }
   if (low<=high)                                 // 找到待查记录
     printf("查找的学号是: %d\n", num[mid]);
   else
     printf("没有查到\n");
   return 0;
}
```

实验子项目 6-2　表的创建与维护

一、实验目的

1. 掌握建立、管理和维护 Access 数据库的一般方法。
2. 掌握 SQL 中的数据更新命令。

二、实验相关知识

数据库是存储数据的仓库。数据库是管理数据的一种技术，其主要目的是解决数据库管理中数据的获取、编码、组织、存储、访问和处理等问题。数据库中的数据按一定的数据模型组织、描述和存储，具有较小的冗余度、较高的数据独立性和易扩展性。

在数据存储到数据库中后，如果不对其进行分析和处理，那么这些数据就没有价值。用户大多会对数据库中的数据进行查询和修改的操作，其中修改包括增加新数据、删除旧数据和更改已有的数据。

结构化查询语言（SQL）是一种标准的关系数据库语言，是专门用来与数据库通信的语言，用于存取数据，查询、操纵和管理数据库。在 SQL 中，数据更新需要使用数据操作命令来完成数据的增加、修改与删除等操作。常用的 SQL 数据更新操作命令有 INSERT、UPDATE、DELECT 等。

三、实验任务

（1）建立数据库。启动 Access 应用程序，新建一个数据库，文件名为“学号+姓名.accdb”，在其中建立表 Students，其结构如表 3-6-1 所示，其内容如表 3-6-2 所示，主键为学号。

表 3-6-1　表 Students 的结构

字段名称	数据类型	字段大小	是否主键
学号	文本	7 个字符	是
姓名	文本	4 个字符	否
性别	文本	1 个字符	否

续表

字段名称	数据类型	字段大小	是否主键
党员	是/否	1 个二进制位	否
专业名称	文本	15 个字符	否
出生日期	日期/时间	8 个字节	否
奖学金	货币	8 个字节	否

表 3-6-2　表 Students 的内容

学号	姓名	性别	民族	党员	专业名称	出生日期	奖学金
1801001	邓丽	女	汉	是	数学	1999/10/1	205
1801002	张小军	男	白	否	数学	2000/1/6	225
1801003	王一品	男	藏	是	物理	1999/12/30	180
1801004	刘莎	女	汉	是	物理	1999/8/12	160
1801005	程欣	女	壮	否	物理	1998/10/20	260
1801006	李凡	男	汉	否	化学	2000/5/4	215
1801007	吕子萌	女	汉	是	化学	1998/11/6	190
1801008	张亮	男	汉	是	化学	1999/11/30	200
1801009	吕静	女	汉	否	力学	2000/1/30	210
1801010	王双华	男	壮	是	力学	2000/2/14	220

【操作提示】

打开 Access 后，依次单击“文件”→“新建”→“空数据库”命令，单击“浏览”按钮可选择其他存储路径，设置好新建的数据库文件名和存储路径后，单击“创建”按钮进行确认，如图 3-6-3 所示。

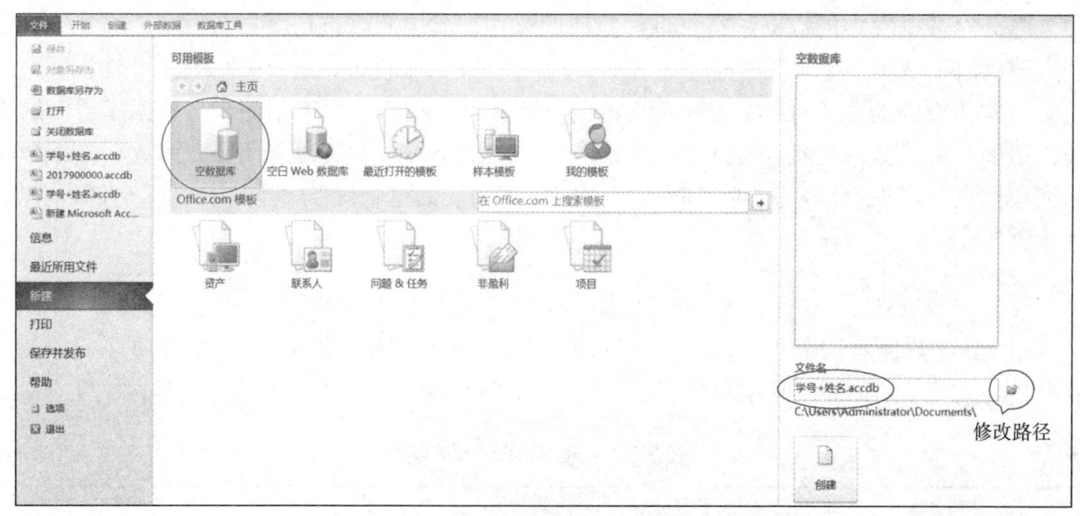

图 3-6-3　新建数据库

（2）建立表 Scores，其结构如表 3-6-3 所示，其内容如表 3-6-4 所示，主键为学号。

表 3-6-3 表 Scores 的结构

字段名称	数据类型	字段大小	是否主键
学号	文本	7 个字符	是
数学	数字	长整型（4 字节）	否
物理	数字	长整型（4 字节）	否
计算机	数字	长整型（4 字节）	否
英语	数字	长整型（4 字节）	否
体育	数字	长整型（4 字节）	否

表 3-6-4 表 Scores 的内容

学号	数学	物理	计算机	英语	体育
1801001	90	79	79	85	68
1801002	84	88	90	83	85
1801003	63	85	69	81	76
1801004	76	70	68	76	81
1801005	79	81	93	87	70
1801006	72	78	83	70	72
1801007	80	78	80	79	85
1801008	82	76	70	79	80
1801009	83	82	76	85	96
1801010	75	69	81	75	65

【操作提示】

在新建的数据库中，单击“创建”→“表”命令，创建一个新数据表。选中“表 1”，单击“视图”下方的折叠按钮，选择“设计视图”命令，在弹出的“另存为”对话框中，修改表名称为“Scores”，单击“确定”按钮，如图 3-6-4 所示。根据表 3-6-3 设计表 Scores 的结构，选择字段“学号”，单击“设计”→“主键”命令，将“学号”设置为主键，如图 3-6-5 所示。单击“视图”下方的折叠按钮，选中“数据表视图”命令，根据表 3-6-4 输入表 Scores 的数据，如图 3-6-6 所示。

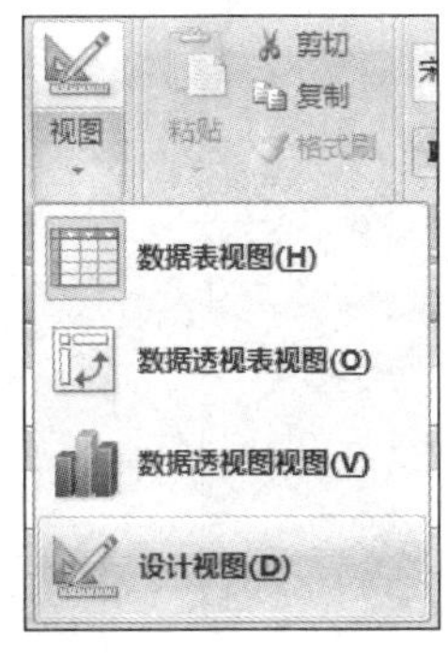

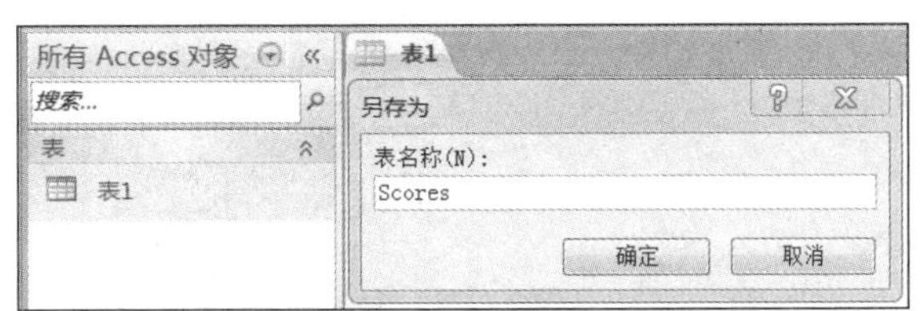

图 3-6-4 创建的新数据表

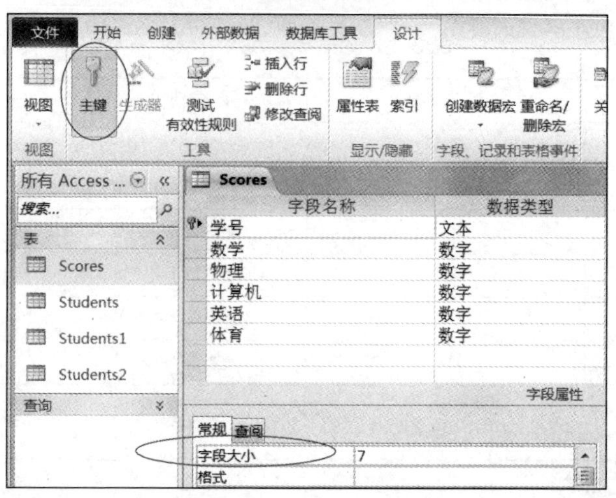

图 3-6-5　设计表 Scores 的结构

Scores

学号	数学	物理	计算机	英语	体育
1801001	90	79	79	85	68
1801002	84	88	90	83	85
1801003	63	85	69	81	76
1801004	76	70	68	76	81
1801005	79	81	93	87	70
1801006	72	78	83	70	72
1801007	80	78	80	79	85
1801008	82	76	70	79	80
1801009	83	82	76	85	96
1801010	75	69	81	75	65

图 3-6-6　输入表 Scores 的数据

（3）将表 Students 分别复制为表 Students1 和表 Students2。

【操作提示】

选择表 Students，单击右键，在弹出的菜单中选择“复制”命令，单击“开始”→“粘贴”下方的折叠按钮，选中“粘贴”命令，在弹出的“粘贴表方式”对话框中，修改表名称为 Students1，单击“确定”按钮，如图 3-6-7 所示。注意，“表名称”文本框中不能有空格。用同样的方法复制表 Students2。

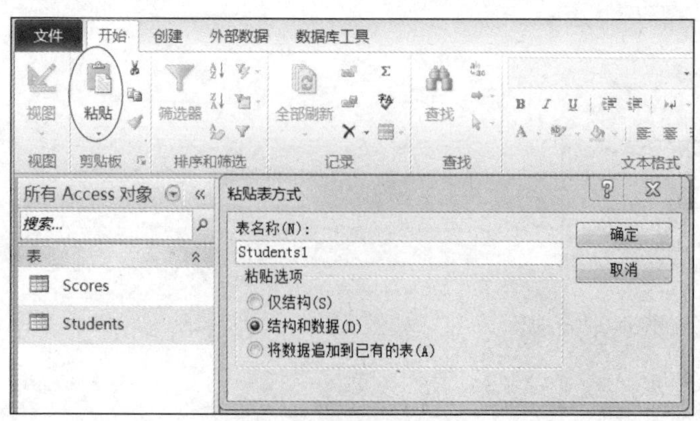

图 3-6-7　复制表 Students

（4）修改表 Students1 的结构。

① 将“姓名”字段的大小由 4 改为 6。

② 添加一个新的字段“电话号码”，其“字段类型”为“文本”，“字段大小”为“11 个字符”，并为表 Students1 中的各记录均输入电话号码。

③ 将“民族”字段移动到“性别”字段之前。

【操作提示】

双击打开表 Students1，单击“视图”→“设计视图”命令，进入表结构设计视图，选择字段名称“姓名”，修改“字段属性”的“字段大小”为 6，如图 3-6-8 所示。在“奖学金”字段下一行添加新字段“电话号码”，将“字段属性”的“字段大小”设置为 11，如图 3-6-9 所示。单击“视图”下方的折叠按钮，选择“数据表视图”命令，给表 Students1 中的“电话号码”字段输入数据。选择“民族”字段这一行，按住鼠标左键不松手，将其拖动到“性别”字段之前，如图 3-6-10 所示。

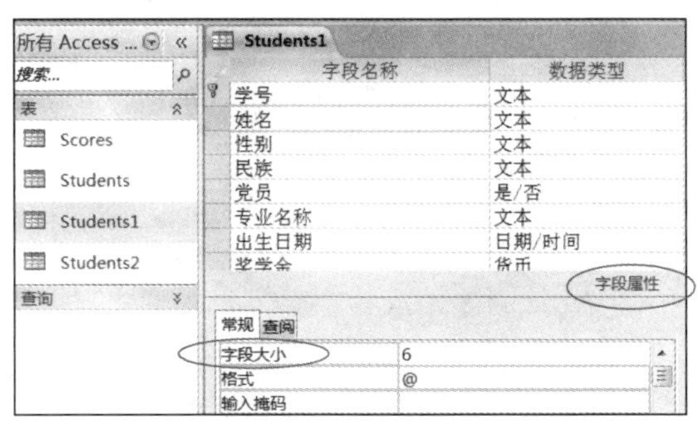

图 3-6-8 修改字段大小

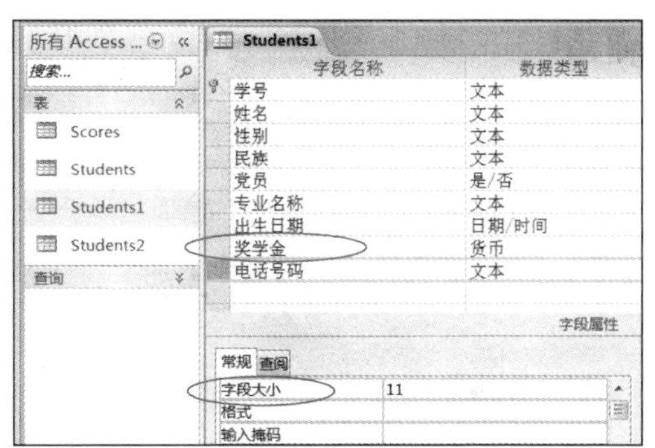

图 3-6-9 添加新字段

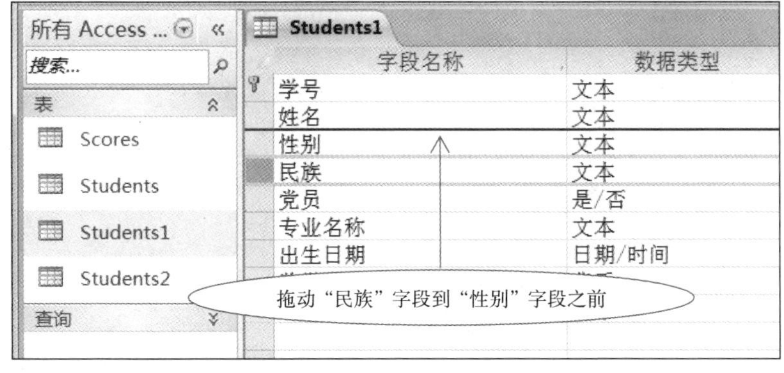

图 3-6-10 移动字段位置

（5）导出表 Students2 中的数据，以文本文件的形式保存，文件名为 Students.txt。

【操作提示】

选择表 Students2，单击右键，在弹出的菜单中选择“导出”→“文本文件”命令，在弹出的“导出-文本文件”对话框中，单击“浏览”按钮可选择存储路径，指定好文件名和存储路径后，单击“确定”按钮，如图 3-6-11 和图 3-6-12 所示。

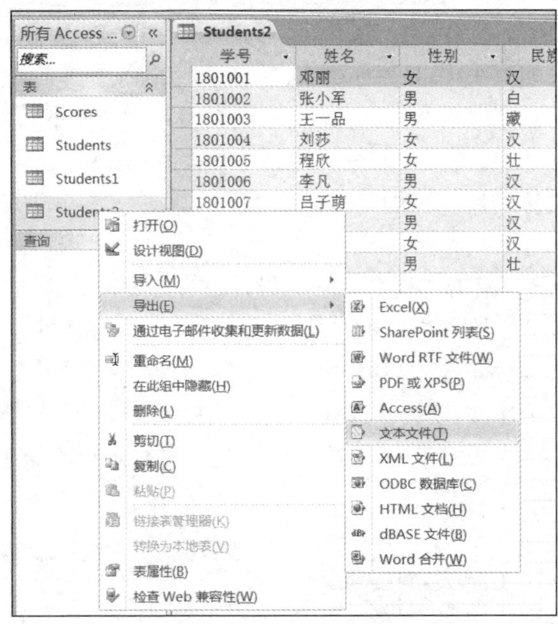

图 3-6-11　选择导出文件类型

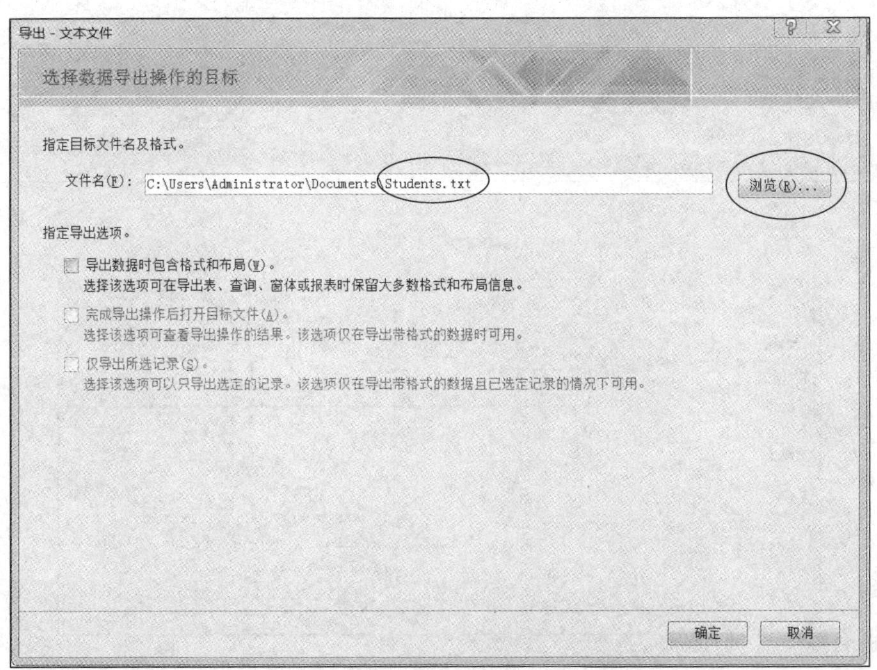

图 3-6-12　“导出-文本文件”对话框

（6）导出表 Students2 中的数据，以 Excel 电子表格的形式保存，文件名为 Students.xlsx。

【操作提示】

选择表 Students2，单击右键，在弹出的菜单中选择“导出”→“Excel”命令，在弹出的“导出-Excel 电子表格”对话框中，单击“浏览”按钮可选择存储路径，指定好文件名、文件格式和存储路径后，单击“确定”按钮，如图 3-6-13 所示。

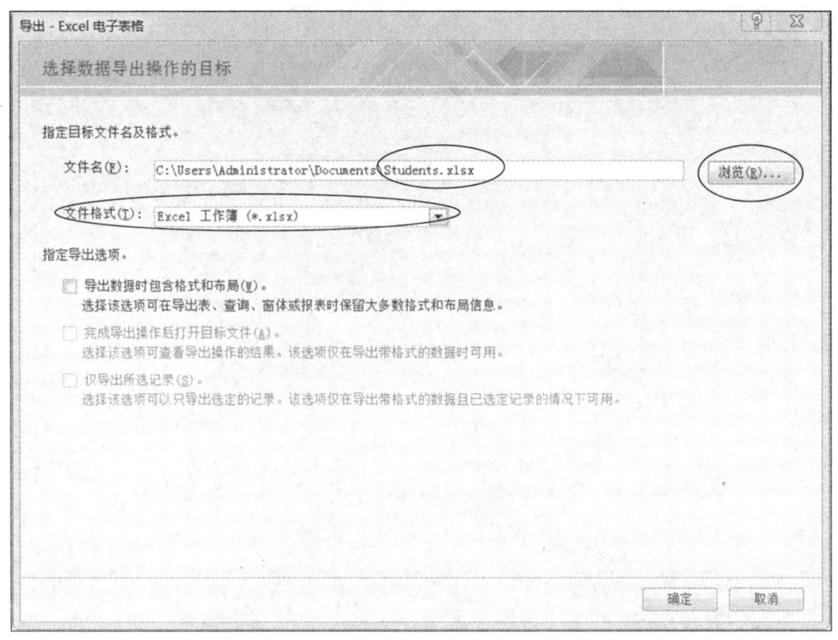

图 3-6-13 “导出-Excel 电子表格”对话框

（7）用 SQL 中的数据更新命令对表 Students2 进行简单操作。

① 使用 INSERT 命令插入一条新的记录。

```
1801011 王志轩 男 汉 Yes 生物 1999/11/28 195
```

② 使用 INSERT 命令插入一条新的记录。

```
1801012 杜佳琪 生物
```

③ 使用 DELETE 命令删除姓名为“李凡”的记录。

【操作提示】条件应为：WHERE 姓名 = "李凡"。

④ 用 DELETE 命令删除 1999 年（包括 1999 年）以前出生，且性别为“男”的所有记录。

【操作提示】条件应为：WHERE 出生日期 <= #1999/12/31#AND 性别 = "男"。

⑤ 用 UPDATE 命令使所有学生的奖学金均加 10 元。

【操作提示】奖学金 = 奖学金 + 10 元。

⑥ 用 UPDATE 命令使表中民族不为“汉”的少数民族学生的奖学金再加 10 元。

【操作提示】条件应为：WHERE 民族 <> "汉"。

【操作提示】在 Access 中，不能直接执行 SQL 语句，但可以在查询视图中执行 SQL 语句。首先建立一个空查询，单击“创建”→“查询设计”命令，在弹出的“显示表”对话框中不选择任何的表或查询，单击“关闭”按钮，关闭对话框，如图 3-6-14 所示。单击“视图”下方的折叠按钮，选择“SQL 视图”命令，在窗口中输入 SQL 语句，单击“设计”→“运行”命令，在弹出的提示对话框中，单击“是”按钮，如图 3-6-15 所示。每执行完一条 SQL 语句，都要打开一次 Students2 工作表，单击“全部刷新”下方的折叠按钮，选择“全部刷新”命令，这时表 Students2 工作表中的数据就更新完成了，如图 3-6-16 所示。

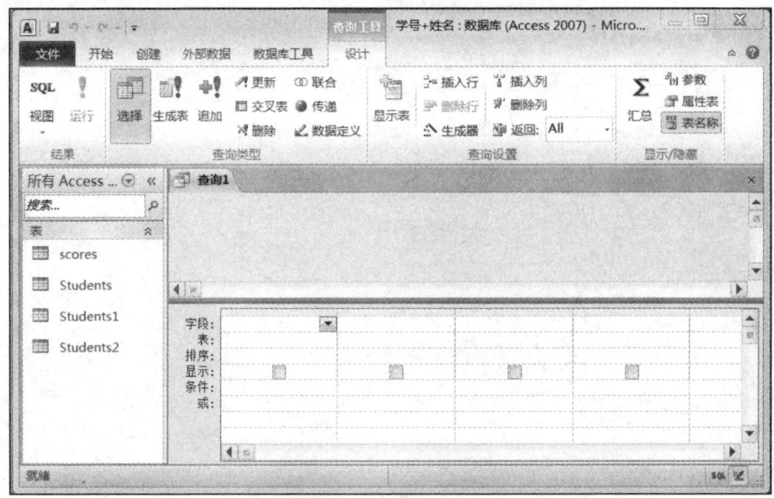

图 3-6-14 创建空查询

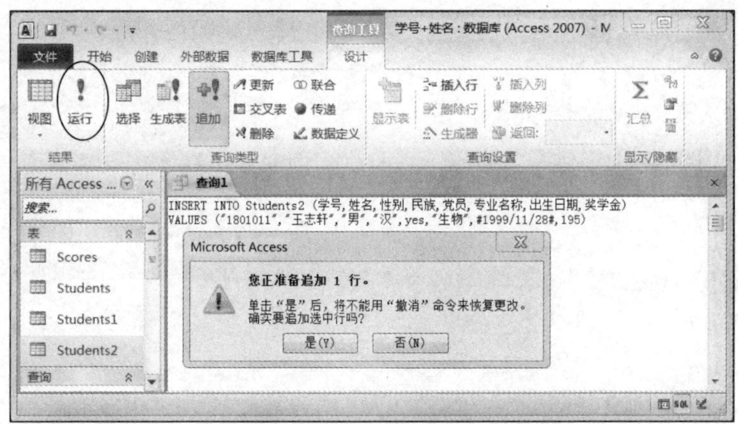

图 3-6-15 执行 SQL 语句

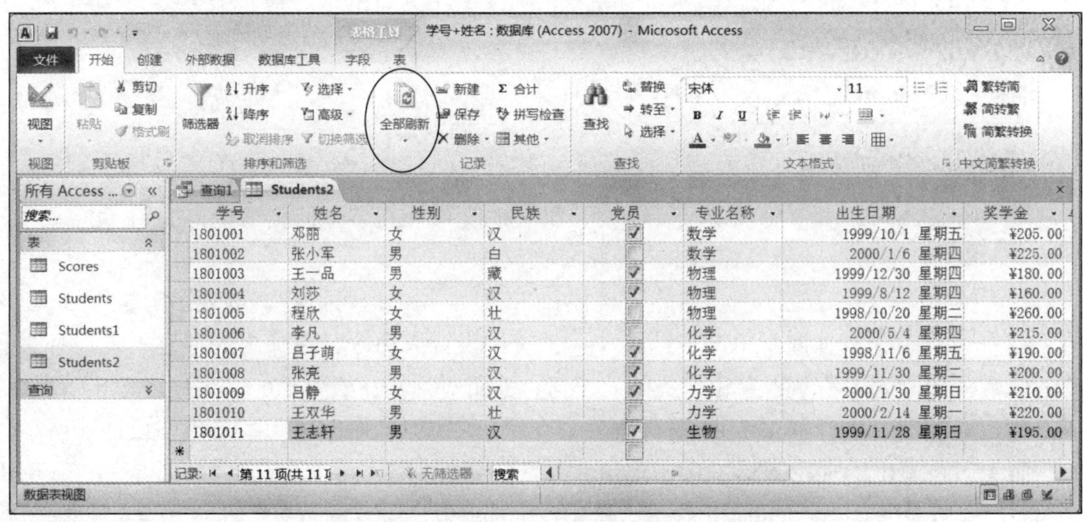

图 3-6-16 运行结果更新

实验子项目 6-3 数据查询

一、实验目的

1. 掌握 SELECT 命令的使用方法。
2. 掌握 Access 数据库中创建查询的方法。

二、实验相关知识

数据查询也称为数据检索，数据查询是数据库的基本操作之一。查询就是以数据库中的数据作为数据源，根据给定的条件从指定的数据库的表或已有的查询中检索出符合用户要求的记录数据，形成一个新的数据集合。查询的结果是动态的，它随着查询所依据的表或查询的数据的改变而改变。查询结果与数据源中的数据同步。

利用选择查询可以从数据库的一个或多个表中抽取特定的信息，并且将结果显示在一个数据表上供用户查看或编辑。利用选择查询，用户能对记录分组，并对分组中的字段值进行计算，如求平均值、汇总值、最小值、最大值，以及其他统计。选择查询包括简单选择查询、统计查询、重复项查询和不匹配项查询等几类。

查询数据是通过 SELECT 语句实现的，它能够从服务器的数据库中检索出符合用户要求的数据，并以结果集的形式返回到用户端。

SELECT 的中文意思为选择、挑选。SELECT 是SQL数据操纵语言（DML）中用于查询表格内字段数据的命令，可搭配条件限制的子句（如 where）或排列顺序的子句（如 order）来获取查询结果。

三、实验任务

说明：下面所有实验都是针对实验子项目 6-2 所建的“学号+姓名.accdb”数据库中的表 Students 和表 Scores 来完成的。

使用 SELECT 命令，直接写出下列每个操作内容的 SQL 语句，并在一个空查询的 SQL 视图中逐一输入这些 SQL 语句并运行。运行包含 SELECT 命令的 SQL 语句的方法与实验子项目 6-2 中的第（7）题操作内容相同。单击“视图”下方的折叠按钮，通过选择“SQL 视图”或“数据表视图”命令，可进行 SQL 语句操作或查看查询结果，如图 3-6-17 所示。

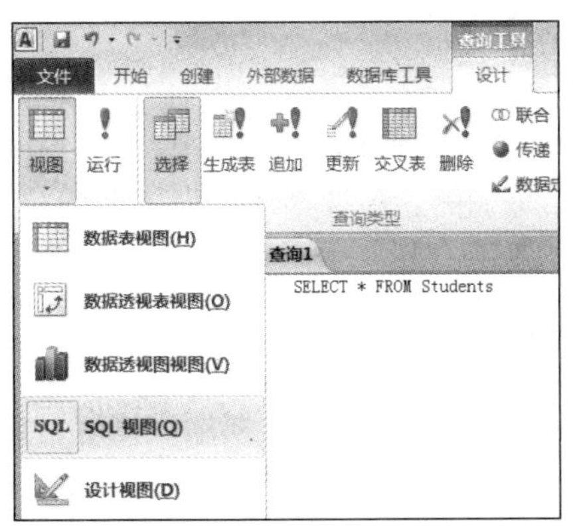

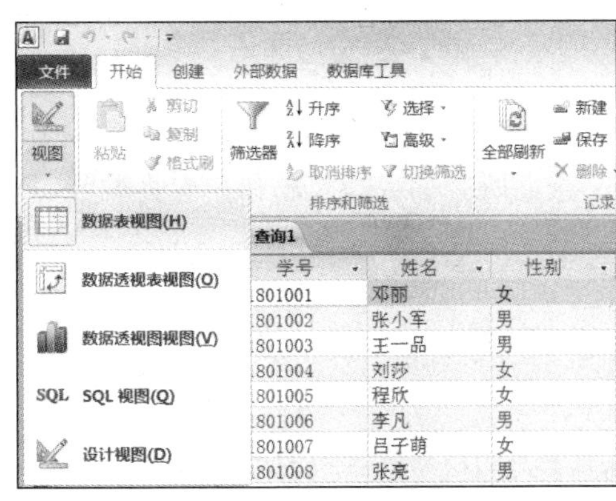

图 3-6-17 查询结果

（1）查询所有学生的基本信息，查询结果如图 3-6-18 所示。

学号	姓名	性别	民族	党员	专业名称	出生日期	奖学金
1801001	邓丽	女	汉	☑	数学	1999/10/1 星期五	¥205.00
1801002	张小军	男	白	☐	数学	2000/1/6 星期四	¥225.00
1801003	王一品	男	藏	☑	物理	1999/12/30 星期四	¥180.00
1801004	刘莎	女	汉	☑	物理	1999/8/12 星期四	¥160.00
1801005	程欣	女	壮	☐	物理	1998/10/20 星期二	¥260.00
1801006	李凡	男	汉	☐	化学	2000/5/4 星期四	¥215.00
1801007	吕子萌	女	汉	☑	化学	1998/11/6 星期五	¥190.00
1801008	张亮	男	汉	☑	化学	1999/11/30 星期二	¥200.00
1801009	吕静	女	汉	☑	力学	2000/1/30 星期日	¥210.00
1801010	王双华	男	壮	☐	力学	2000/2/14 星期一	¥200.00

图 3-6-18　查询结果

【操作提示】在 SELECT 命令中可以用“*”表示所有字段。

（2）查询所有学生的学号、姓名、性别、民族和奖学金，查询结果如图 3-6-19 所示。

学号	姓名	性别	民族	奖学金
1801001	邓丽	女	汉	¥205.00
1801002	张小军	男	白	¥225.00
1801003	王一品	男	藏	¥180.00
1801004	刘莎	女	汉	¥160.00
1801005	程欣	女	壮	¥260.00
1801006	李凡	男	汉	¥215.00
1801007	吕子萌	女	汉	¥190.00
1801008	张亮	男	汉	¥200.00
1801009	吕静	女	汉	¥210.00
1801010	王双华	男	壮	¥200.00

图 3-6-19　查询结果

（3）查询所有学生的学号、姓名和年龄，查询结果如图 3-6-20 所示。

学号	姓名	年龄
1801001	邓丽	23
1801002	张小军	22
1801003	王一品	23
1801004	刘莎	23
1801005	程欣	24
1801006	李凡	22
1801007	吕子萌	24
1801008	张亮	23
1801009	吕静	22
1801010	王双华	22

图 3-6-20　查询结果

【操作提示】“年龄”字段应为 Year(Date())−Year(出生日期)AS 年龄。

（4）查询所有学生的人数和平均奖学金，查询结果如图 3-6-21 所示。

人数	平均奖学金
10	¥204.50

图 3-6-21　查询结果

【操作提示】“人数”字段应为 Count(*) AS 人数，“平均奖学金”字段应为 Avg(奖学金)AS 平均奖学金。

（5）查询"王一品"的基本情况，查询结果如图 3-6-22 所示。

学号	姓名	性别	民族	党员	专业名称	出生日期	奖学金
1801003	王一品	男	藏	☑	物理	1999/12/30 星期四	¥180.00
				☐			

图 3-6-22　查询结果

【操作提示】查询条件应为 WHERE 姓名 = "王一品"。

（6）查询所有男生的基本情况，查询结果如图 3-6-23 所示。

学号	姓名	性别	民族	党员	专业名称	出生日期	奖学金
1801002	张小军	男	白	☐	数学	2000/1/6 星期四	¥225.00
1801003	王一品	男	藏	☑	物理	1999/12/30 星期四	¥180.00
1801006	李凡	男	汉	☐	化学	2000/5/4 星期四	¥215.00
1801008	张亮	男	汉	☑	化学	1999/11/30 星期二	¥200.00
1801010	王双华	男	壮	☐	力学	2000/2/14 星期一	¥200.00

图 3-6-23　查询结果

【操作提示】查询条件应为 WHERE 性别 = "男"。

（7）查询奖学金高于 200 元的所有学生的学号、姓名和奖学金，查询结果如图 3-6-24 所示。

姓名	学号	奖学金
邓丽	1801001	¥205.00
张小军	1801002	¥225.00
程欣	1801005	¥260.00
李凡	1801006	¥215.00
吕静	1801009	¥210.00

图 3-6-24　查询结果

【操作提示】查询条件应为：WHERE 奖学金 > 200。

（8）查询数学的最低分、最高分和平均分，查询结果如图 3-6-25 所示。

最低分	最高分	平均分
63	90	78.4

图 3-6-25　查询结果

【操作提示】使用 Min()、Max()、Avg()函数分别求每名学生数学的最低分、最高分和平均分。"最低分"字段应为 Min(数学)AS 最低分，"最高分"字段应为 Max(数学)AS 最高分，"平均分"字段应为 Avg(数学)AS 平均分。

（9）查询男生与女生的最低奖学金、最高奖学金和平均奖学金，查询结果如图 3-6-26 所示。

性别	最低奖学金	最高奖学金	平均奖学金
男	¥180.00	¥225.00	¥204.00
女	¥160.00	¥260.00	¥205.00

图 3-6-26　查询结果

【操作提示】根据性别进行分组统计，并使用 Min()、Max()、Avg()函数分别求最低奖学金、最高奖学金和平均奖学金。“最低奖学金”字段应为 Min(奖学金)AS 最低奖学金，“最高奖学金”字段应为 Max(奖学金)AS 最高奖学金，“平均奖学金”字段应为 Avg(奖学金)AS 平均奖学金。

（10）查询所有党员的学号和姓名，并且按奖学金从高到低的顺序进行排列，查询结果如图 3-6-27 所示。

学号	姓名	党员	奖学金
1801009	吕静	☑	¥210.00
1801001	邓丽	☑	¥205.00
1801008	张亮	☑	¥200.00
1801007	吕子萌	☑	¥190.00
1801003	王一品	☑	¥180.00
1801004	刘莎	☑	¥160.00

图 3-6-27　查询结果

【操作提示】查询条件应为 WHERE 党员 = Yes，排序应使用子句 ORDER BY 奖学金 DESC。

（11）查询各专业男生与女生的人数，查询结果如图 3-6-28 所示。

专业名称	性别	人数
化学	男	2
化学	女	1
力学	男	1
力学	女	1
数学	男	1
数学	女	1
物理	男	1
物理	女	2

图 3-6-28　查询结果

【操作提示】应根据专业名称和性别进行分组统计，使用 GROUP 子句 GROUP BY 专业名称, 性别。

（12）查询所有学生的学号、姓名、数学和英语成绩，查询结果如图 3-6-29 所示。

学号	姓名	数学	英语
1801001	邓丽	90	85
1801002	张小军	84	83
1801003	王一品	63	81
1801004	刘莎	76	76
1801005	程欣	79	87
1801006	李凡	72	70
1801007	吕子萌	80	79
1801008	张亮	82	79
1801009	吕静	83	85
1801010	王双华	75	75

图 3-6-29　查询结果

【操作提示】使用连接查询，查询条件应为 WHERE Students.学号 = Scores.学号。

（13）查询物理成绩不低于 80 分的学生学号、姓名和分数，查询结果如图 3-6-30 所示。

【操作提示】使用连接查询，查询条件应为 WHERE Students.学号 = Scores.学号 And 物理 >= 80。

学号	姓名	物理
1801002	张小军	88
1801003	王一品	85
1801005	程欣	81
1801009	吕静	82

图 3-6-30　查询结果

实验项目 7　算法与程序设计

实验子项目 7-1　Raptor 可视化算法流程图设计

一、实验目的

1．掌握算法的概念、特征、表示的方法。

2．掌握使用流程图表示算法的方法。

3．掌握顺序结构、选择结构、循环结构的设计思想。

4．掌握 Raptor 软件的使用方法，并能使用该软件完成问题的求解。

二、实验相关知识

算法是程序设计的灵魂，但在还没有具体学习某种编程语言前，怎样设计和验证算法的正确性和有效性呢？可以采用业界流行的 Raptor 可视化算法流程图设计工具。

Raptor（the Rapid Algorithmic Prototyping Tool for Ordered Reasoning）是一个简单的问题求解工具。该工具能以可视化的方式创建可执行的流程图，避免复杂的语言、语法，以接近于人的逻辑思维方式，利用计算机来解决问题。

Raptor 的界面由绘图编程窗口和主控台窗口组成，主控台窗口用于显示运行状态和运行结果。

三、实验任务

1．安装和认识 Raptor 软件

（1）安装 Raptor 软件

① 进入 Raptor 官网，单击“Download latest Version”下载 Raptor2019.msi，在提示指引下便可顺利安装好该软件。

② 启动 Raptor 软件，观察 Raptor 绘图编程窗口和主控台窗口（参考图 3-7-1 和图 3-7-2），Raptor 软件的主界面由菜单和工具栏、__________、__________、和__________4 个部分组成。在主界面的左侧区域给出了用于流程图设计的 6 种符号，即__________、__________、__________、__________、__________和__________。Raptor 软件的优势在于可以以可视化的方式设计和分析算法的流程图，在程序运行过程中可以观察到算法的整个执行过程及各变量的变化情况。

（2）熟悉 Raptor 软件的界面

Raptor 绘图编程窗口如图 3-7-1 所示，包括 4 个主要区域。

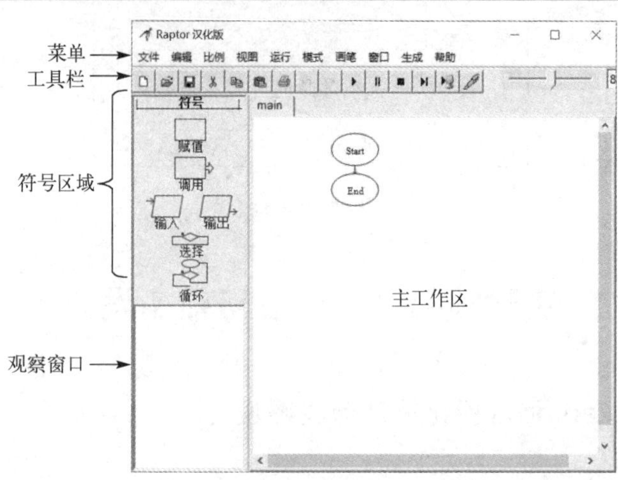

图 3-7-1 Raptor 绘图编程窗口

① 菜单和工具栏。允许用户改变、设置和控制流程图，并且控制流程图的开始、暂停和停止等。其中，“文件”菜单可用于创建、保存、打开流程图的程序文件等，程序文件的扩展名为.rap。

② 符号区域。包含 6 种流程符号，分别为赋值（Assignment）、调用（Call）、输入（Input）、输出（Output）、选择（Selection）和循环（Loop）。Raptor 软件正是使用这些符号来构建流程图的。

③ 观察窗口。当流程图运行时，该窗口可用于查看程序执行过程中变量值的变化过程。

④ 主工作区。该区域是用户创建流程图的区域，初始时只有一个标签 main，相当于主程序，窗口中有一个基本的流程图框架，初始时只有 Start（开始）和 End（结束）两个符号，可以向其中添加其他流程图符号以构建问题求解的程序。此外，用户也可以创建子图或过程，以便相互调用，这将会增加相应的标签。在程序执行时，主工作区中可以看到流程图执行时变量的变化情况。

Raptor 还包含一个主控台（Master Console），如图 3-7-2 所示。主控台窗口主要用于显示用户所有的输入和输出，底部的文本框允许直接输入命令。例如，若要打开 Raptor 图形窗口，则可在文本框中直接输入 Raptor 过程调用命令“Open Graph Window(400.300)”。此外，“Clear”按钮用来清除主控台窗口中的全部内容。

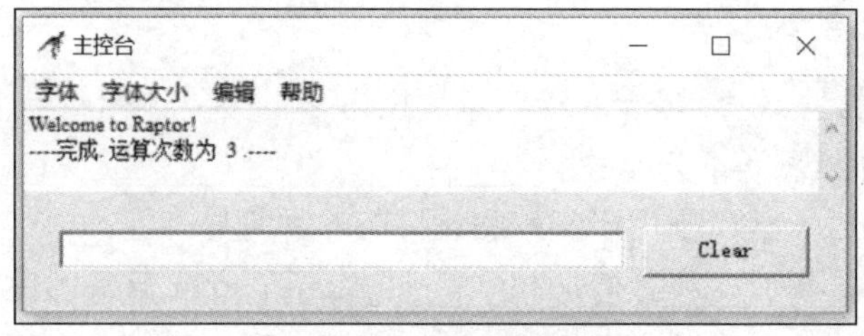

图 3-7-2 Raptor 主控台窗口

2. 使用 Raptor 创建流程图

（1）使用 Raptor 创建求最大公约数的算法流程图。

问题描述：如果一个整数同时是其他几个整数的约数，那么称这个整数为它们的公约数，公约数中最大的数称为最大公约数。现给定两个正整数 m 和 n，求出其最大公约数。

问题分析：欧几里得算法（又称辗转相除法）是求解最大公约数的传统方法，其核心思想是基于这样的原理：对于给定的两个正整数 m 和 n（m≥n），r 为 m 除以 n 的余数，则 m 和 n 的公约数与 n 和 r 的最大公约数一致。基于这样的原理，经过反复迭代执行，直到余数 r 为 0 时结束迭代，此时的除数便是 m 和 n 的最大公约数。

算法描述：欧几里得算法是经典的迭代算法，其计算过程是一种不断用变量的旧值递推新值的过程，用自然语言可以将该算法简要描述如下。

步骤 1：输入两个正整数 m 和 n。

步骤 2：计算 m 除以 n，所得余数为 r。

步骤 3：若 r 等于 0，则 n 为最大公约数，算法结束；若 r 不等于 0，则 m←n，n←r，返回执行步骤 2。

将上述算法表示为如图 3-7-3 所示的流程图。

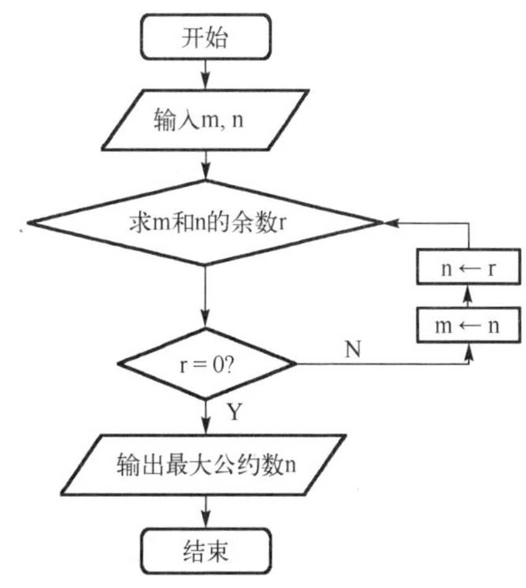

图 3-7-3　利用欧几里得算法求最大公约数的流程图

下面，利用 Raptor 软件实现如图 3-7-3 所示的算法。

① 启动 Raptor 软件，保存当前文件为 gcd.rap。

② 输入 m 和 n。在符号区域中选择“输入”符号，将其拖到主工作区流程图中的 Start 和 End 符号间的箭头末尾处，当出现“+”光标时，松开鼠标，添加一个“输入”符号。双击该符号，在弹出的“输入”对话框中的“输入提示”文本框中输入提示信息“Please input m:”，在“输入变量”文本框中输入变量符号 m，单击“完成”按钮，如图 3-7-4 所示。重复上述步骤，添加变量 n，如图 3-7-5 所示。

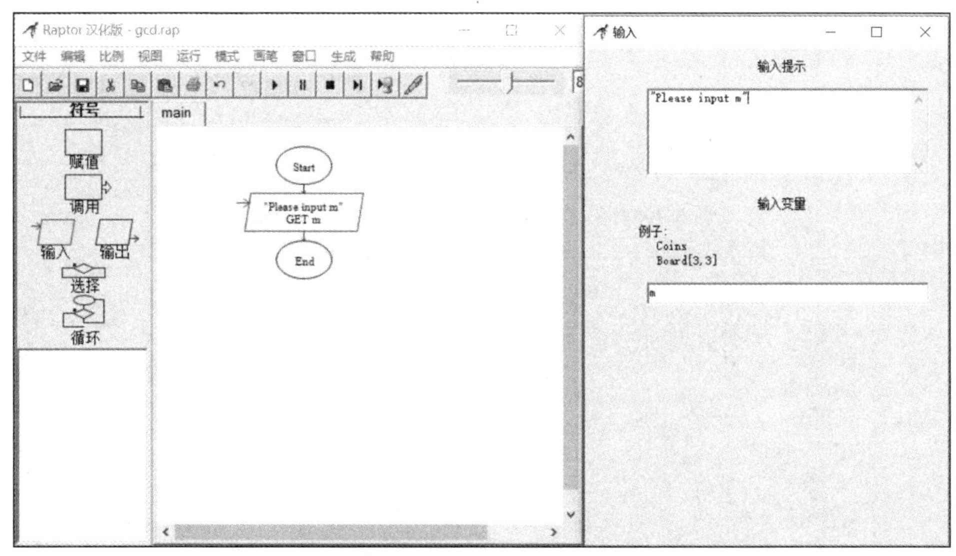

图 3-7-4　在流程图中添加输入变量 m

③ 在输入 n 的“输入”符号下面添加一个“循环”符号，并在循环标志“Loop”框和表示循环终止条件的菱形框（此时为空）之间添加一个“赋值”符号，双击该“赋值”符号进行设置，在“Set”处填写“r”，在“to”处填写“m mod n”（这里的 mod 表示取余运算）。

设置完毕后，该“赋值”符号将显示“r←m mod n”，如图 3-7-6 所示。之后，双击表示循环控制条件的菱形框，设置循环终止条件为“r=0”，如图 3-7-7 所示。

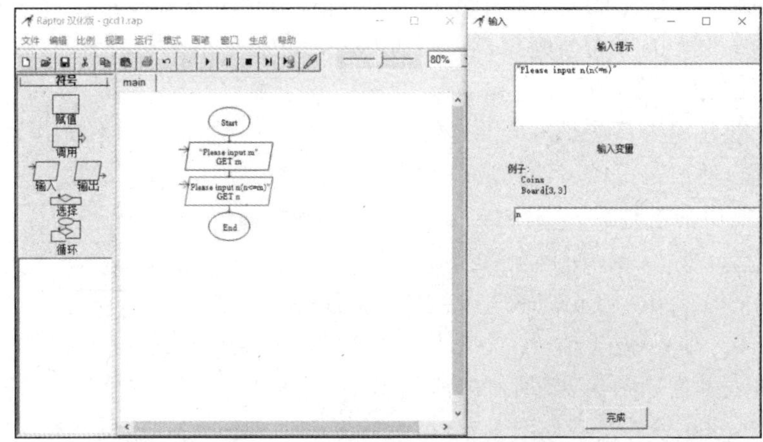

图 3-7-5　在流程图中添加输入变量 n

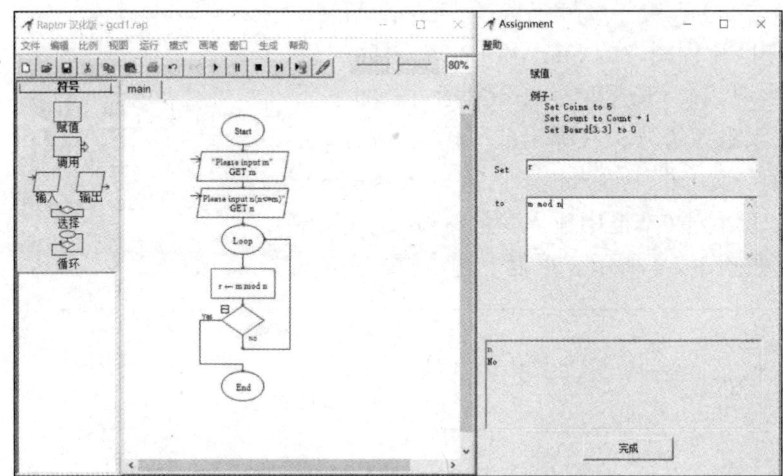

图 3-7-6　在流程图中添加一个“赋值”符号

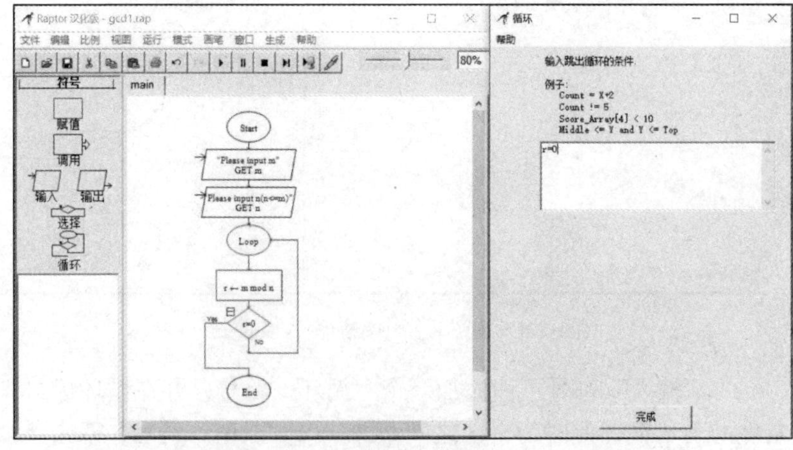

图 3-7-7　在流程图中设置循环终止条件

④ 在“循环”符号的 No 分支下方添加两个赋值符号，一个设置为“m←n”，另一个设置为“n←r”，如图 3-7-8 所示。

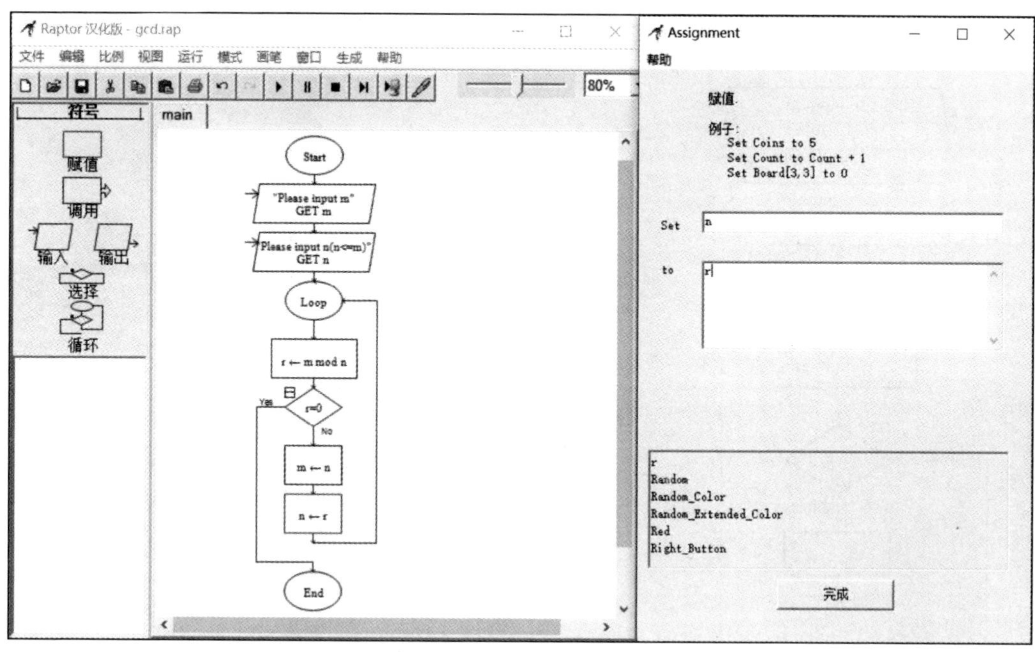

图 3-7-8 在流程图中添加两个“赋值”符号

⑤ 在“循环”符号的 Yes 分支末端添加一个“输出”符号，设置输出项为“The Greatest CommonDivisor="+n”，如图 3-7-9 所示。至此，整个算法流程图设置完毕，如图 3-7-10 所示。

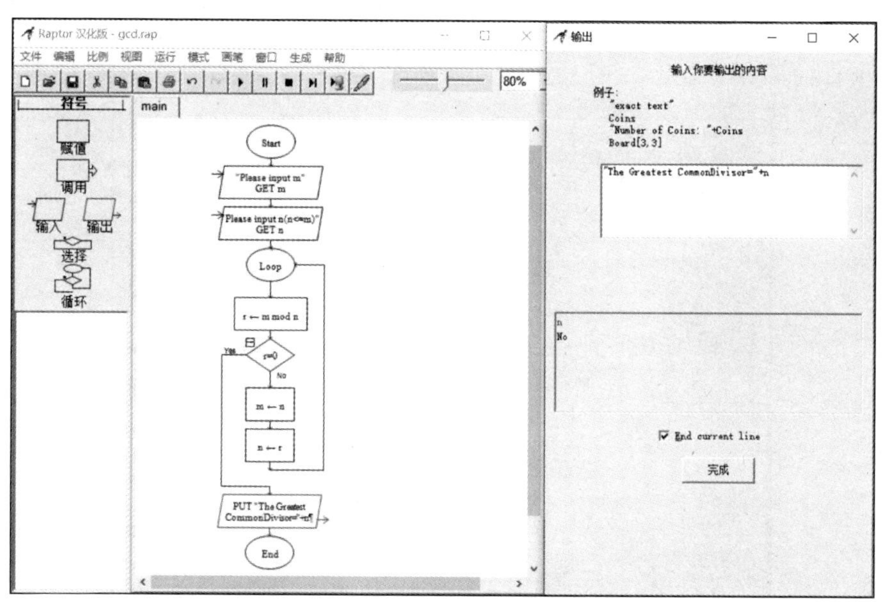

图 3-7-9 在流程图中添加“输出”符号

⑥ 单击工具栏上的“运行”按钮，如图 3-7-11 所示，程序开始执行。变为绿色的符号表示当前正在执行的地方，当执行到“输入“符号时，弹出“输入”对话框，分别给 m 和 n

输入值 36 和 16，如图 3-7-12 所示。程序继续执行，同时在观察窗口中可看到变量 m、n 和 r 的值随着程序执行的变化情况。程序执行完毕后，主控台显示输出结果，如图 3-7-13 所示。

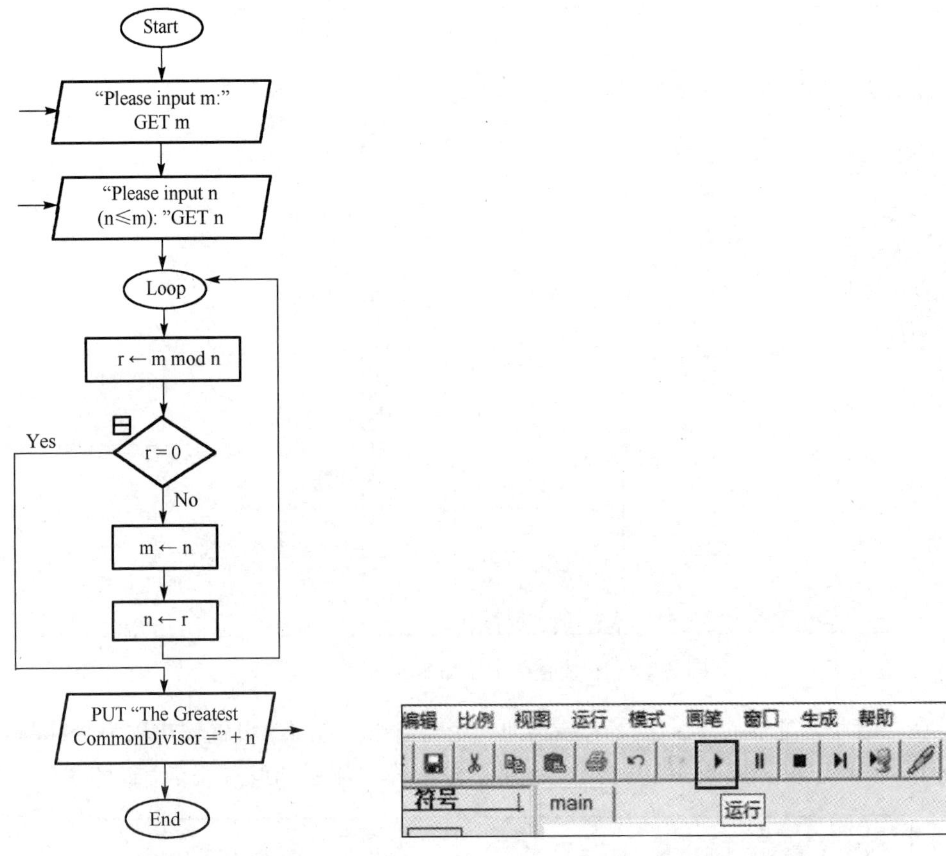

图 3-7-10 利用 Raptor 求最大公约数的流程图

图 3-7-11 工具栏上的“运行”按钮

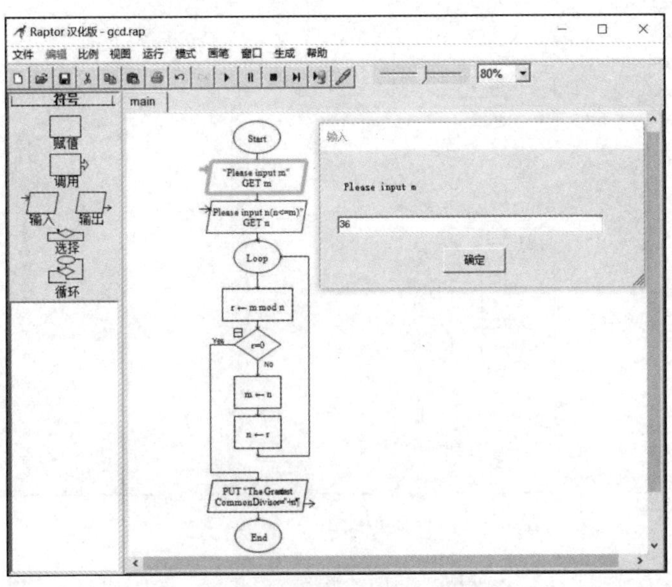

图 3-7-12 分别给 m 和 n 输入值

（2）使用 Raptor 设计交换两个变量的值的算法流程图。

① 若要交换两个变量的值，则一般需借助第三个变量。若待交换的两个变量分别为 x 和 y，用于交换的第三个变量为 temp，则在交换两个数的算法中，核心语句为 temp←x，________和________。

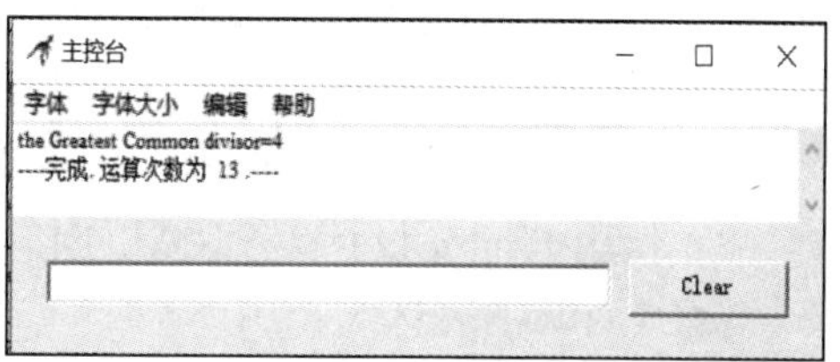

图 3-7-13 主控台显示输出结果

若 x 和 y 的值已知，则可使用赋值符号构建算法流程图。例如，若要设置 x 变量的值为 10，则可使用如图 3-7-14 所示的“赋值”对话框。此时，整个算法流程图共需要________个“赋值”符号和________个“输出”符号。

【操作提示】

参照求最大公约数的算法流程图的步骤。

若 x 和 y 的值需要在程序运行时从键盘输入，则可使用“输入”符号构建算法流程图。例如，若要在程序运行时输入 x 变量的值，则需要插入“输入”符号，双击该符号后对如图 3-7-15 所示的“输入”对话框进行设置。此时，构建的算法流程图共包括________个“输入”符号、________个“赋值”符号和________个“输出”符号。

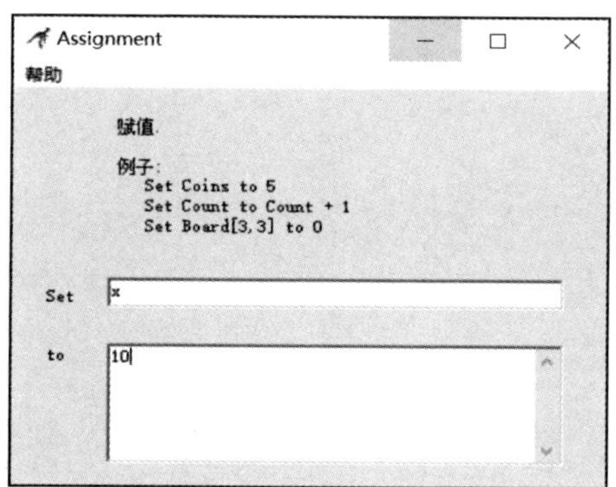

图 3-7-14 为 x 变量赋值的“赋值”对话框

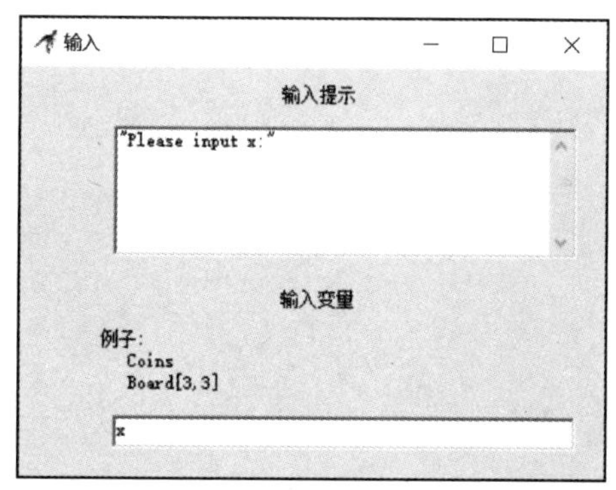

图 3-7-15 提示输入变量 x 的“输入”对话框

② 将该程序的算法流程图绘制在下面的方框中。

③ 运行并查看结果的正确性。该算法流程属于________结构。

【操作提示】

参照求最大公约数的算法流程图的步骤。

（3）使用 Raptor 设计 1～100 以内的奇数累加和的算法流程图。

观察要计算的表达式 s = 1 + 3 + 5 + 7 + … + 97 + 99 可以发现，程序要求解的是 100 以内所有奇数的和，其特点是前一项与后一项相差 2。因此，可使用循环结构对该问题进行求解。

① 对于多个有规律数据的累加，在程序执行之初，一般需要对用于存放结果的变量 s 进行赋初值；若为累乘，则需为 s 赋初值为________。

② 若设循环控制变量为 i，则在程序执行之初需要对 i 进行赋初值为________，并设置其以步长为________的方式递增。循环结构主要包括两个赋值符号，即________和________。循环结束的条件可设置为________。

③ 将该程序的算法流程图绘制在下面的方框中。

④ 程序执行结束后，i 变量的值为________，s 变量的值为____________，程序共运行________次。

【操作提示】

参照求最大公约数的算法流程图的步骤。

（4）使用 Raptor 设计判断 x 是否为素数的算法流程图。

若要判断 x 是否为素数，则需要用 x 依次除以 2, 3, 4, …, x－1。若 x 能够被某个数整除，则说明 x 不是素数；否则 x 为素数。当 x 能被某个数整除时，表明 x 不是素数，程序不必再继续执行，因此可设计一个标志变量 flag 控制程序的运行。从程序整体结构考虑，由设置初始变量、用于判断和测试素数的选择结构和循环结构、用于判断输出结果的选择结构三部分组成。程序的参考流程图如图 3-7-16 所示。

① 在正式判断 x 是否为素数之前，首先需要输入 x 的值，并设置测试变量 i 的初值为________。为了方便控制程序在遇到整除情况时而终止程序运行，最好设置标志变量 flag，并设其初值为________。

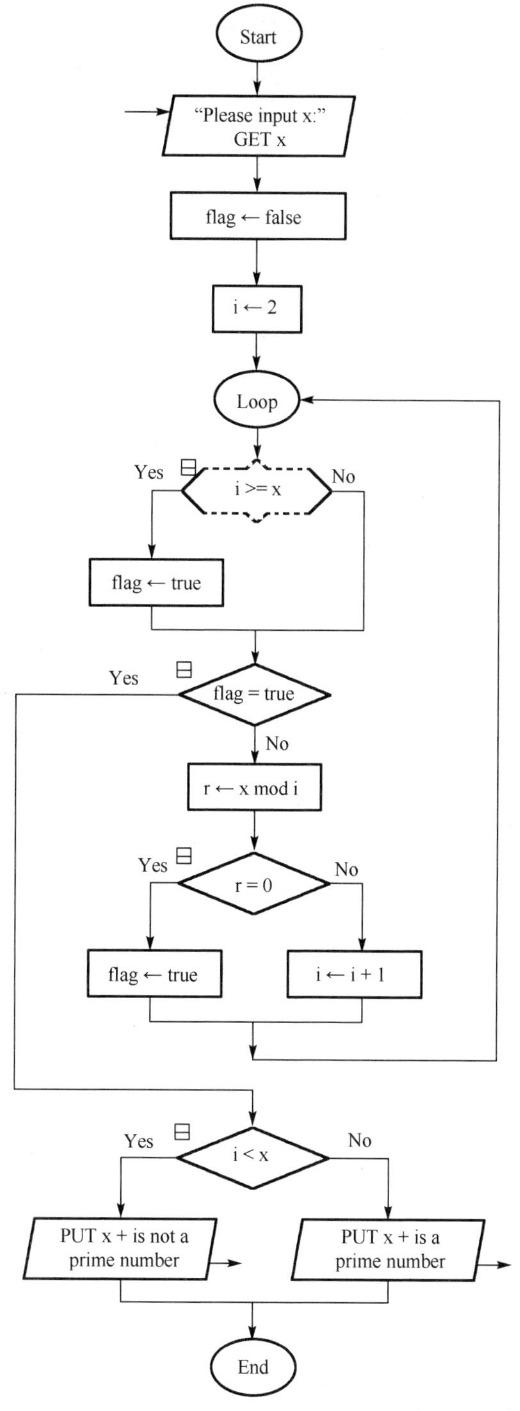

图 3-7-16　判断素数的算法流程图

② 当判断 x 是否为素数时，首先判断测试变量 i 是否不小于 x，即设置选择结构的判断条件为________。若条件满足，则说明所有测试已经结束，可将标志变量 flag 的值设置为 true，以便不再进行后续循环测试。因此，判断 x 是否为素数的循环条件可设置为 flag = ________。当条件不满足时，首先求出 x 和 i 的余数 r，将“赋值”符号相应地设置为________；其次，

判断余数 r 是否为 0，若为 0（可以整除），则将 flag 标志变量设置为________；否则，使测试变量 i 增加 1，即将“赋值”符号设置为接着进行下一次判断和循环。

③ 循环结束时，flag 变量的值为_______。此时有两种情况：一是完成了所有测试变量的测试，说明 x________（是，不是）素数；二是在循环过程中遇到整除情况，说明 x________（是，不是）素数。为了区分这两种情况，需要使用一个选择结构判断最后的输出情况，其判断条件可以设置为________。

④ 执行该算法，若输入 x 的值为 36，则程序输出为________，完成运算的次数为________；若输入 x 的值为 37，则程序输出为________，完成运算的次数为________。

【操作提示】

参照求最大公约数的算法流程图的步骤。

（5）使用 Raptor 设计求整数 n 的阶乘的算法流程图。

递归算法是求解很多问题的有效方法，具有简洁、高效、易于阅读和理解的特点。采用递归算法求 n!，整个算法设计比较直观、易懂，只需一个循环结构即可实现。

① 在输入 n 值后，可先设置用于保存结果的变量 f 的初值为________，用于累乘的变量 i 的初值为________。

② 通过一个循环控制结构计算阶乘。其中，需反复循环的流程符号有两个，一是实现累乘的“赋值”符号，可将其设置为________；二是实现控制变量 i 自增的“赋值”符号，可将其设置为________。循环结束的条件可设置为________。

③ 将该程序的算法流程图绘制于下面的方框图中。

④ 在程序执行时，若输入 n 的值为 5，则程序计算结果为 n!=________，最后变量 i 的值为________；若输入 n 的值为 10，则程序计算结果为 n!=________，运算次数为________；若输入 n 的值为 20，则程序计算结果为 n!=________，运算次数为________。分析三次运算结果急剧变大的原因。

【操作提示】

参照求最大公约数的算法流程图的步骤。

实验子项目 7-2 计算机求解问题的过程

一、实验目的

1. 了解使用计算机求解问题的过程。
2. 了解 C 语言程序实现的过程。

二、实验相关知识

程序设计是指利用计算机解决问题的全过程，包含多方面的内容，而编写程序只是其中一部分。程序设计的一般过程包括 5 个步骤：分析问题，确定数学模型，算法设计，程序编写、编辑、编译与链接，运行与测试。

学习程序设计最重要的内容是学习算法的思想，掌握常用算法并能自己设计算法。程序设计方法目前最常用的是结构化程序设计方法与面向对象的程序设计方法。程序设计语言是人与计算机交流的工具，是进行程序设计的工具，同一个问题可以用不同程序设计语言来进行描述。程序设计语言又称计算机语言或编程语言，常见的程序设计语言包括 BASIC、C/C++、Pascal、FORTRAN、Java 和 Python 等。

三、实验任务

利用 C 语言计算棋盘上的麦粒。“棋盘上的麦粒”的故事见实验子项目 5-3。

1. 问题分析

根据题意，第 1 格放麦粒 2^0 粒，第 2 格放麦粒 2^1 粒，第 3 格放麦粒 2^2 粒，…，第 64 格放麦粒 2^{63} 粒。假设 64 个格子里共放麦粒数量为 s，则有

$$s = 2^0 + 2^1 + 2^2 + \cdots + 2^{63}$$

若要计算 s 的值，则需要 s 从 0 开始累加 64 次，而且每次累加的加数 n（棋盘上每格中的麦粒数）都是上一个加数的 2 倍。因此我们可以使用 for 循环语句来解决该问题。

在此，需要特别注意变量 n、s 的数据类型。因为越到后面每格中的麦粒数量就越多，第 64 格中的麦粒数为 2^{63}，远远超出了 C 语言中长整型数的最大值（$2^{31}-1$）。在计算机中，我们把一个数据的实际值大于计算机可以保存和处理的该类型数据的最大值的情况称为溢出，编程过程中要避免数据溢出的情况发生。

为了避免数据溢出，我们需要把变量 n、s 均定义为最大可以处理 308 位数字的双精度浮点型（double）。

2. 算法描述

（1）自然语言描述

① 设麦粒总数 s 的初始值为 0，每格中的麦粒数均为 n，其初始值为 1；

② 定义循环变量 i；

③ 设定 i 的初始值为 1，用 i 控制累加次数；

④ s = s + n;

⑤ n = 2 * n;

⑥ i = i + 1;

⑦ 若 i <= 64，则转到步骤④；否则转到步骤⑧；

⑧ 输出 s 的值；

⑨ 结束。

（2）算法流程图如图 3-7-17。

3. 程序实现

本实验程序在 VC++ 6.0 编译环境下编译并运行。VC++ 6.0 是微软公司推出的一款 C++集成开发环境，具有简洁的界面和良好的可操作性，被广泛应用。

（1）启动 VC++6.0。单击 Windows 的“开始”菜单，选择“程序”组下“Microsoft Visual Studio 6.0”子组下的快捷方式“Microsoft Visual C++6.0”，启动 VC++6.0，如图 3-7-18 所示。

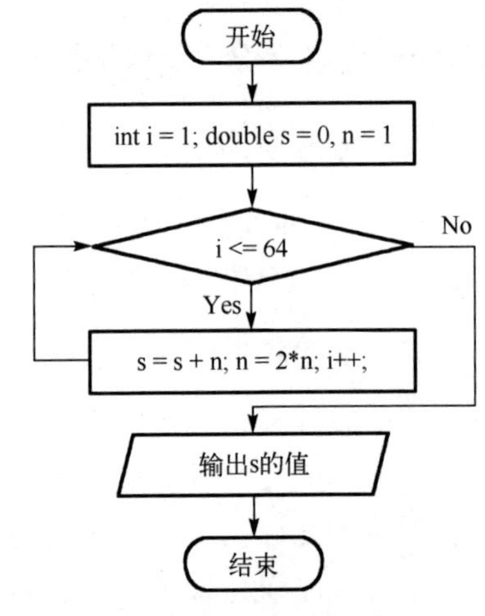

图 3-7-17 算法流程图

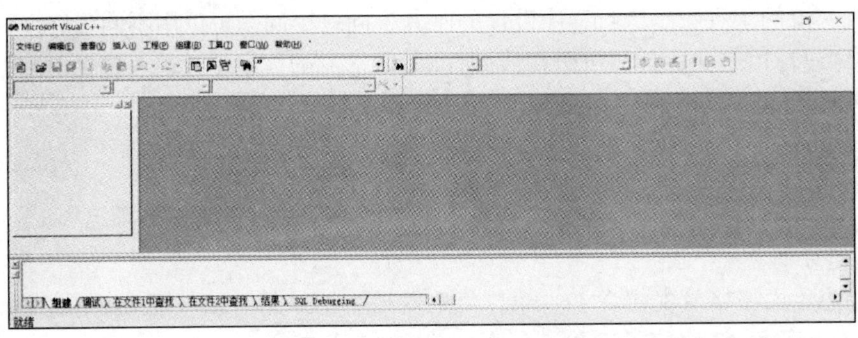

图 3-7-18 VC++ 6.0 窗口

（2）创建一个新的 C++程序。打开“文件”菜单，单击“新建”命令，弹出“新建”对话框，选择对话框中的“文件”页，在该页的文件功能列表中双击“C++ Source File”选项，输入文件名“qp”，选择保存路径，单击“确定”按钮，如图 3-7-19 所示，进入程序文件编辑窗口中。

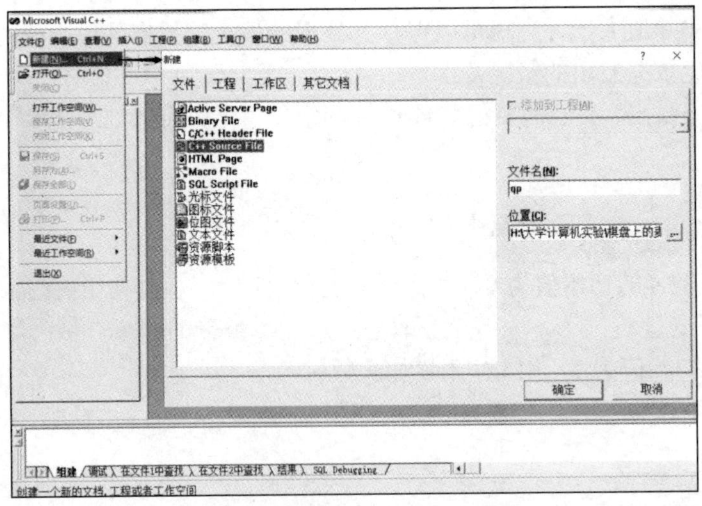

图 3-7-19 “文件菜单”与“新建”命令选项

（3）编辑程序。在空白编辑区中，输入程序代码，如图 3-7-20 所示。

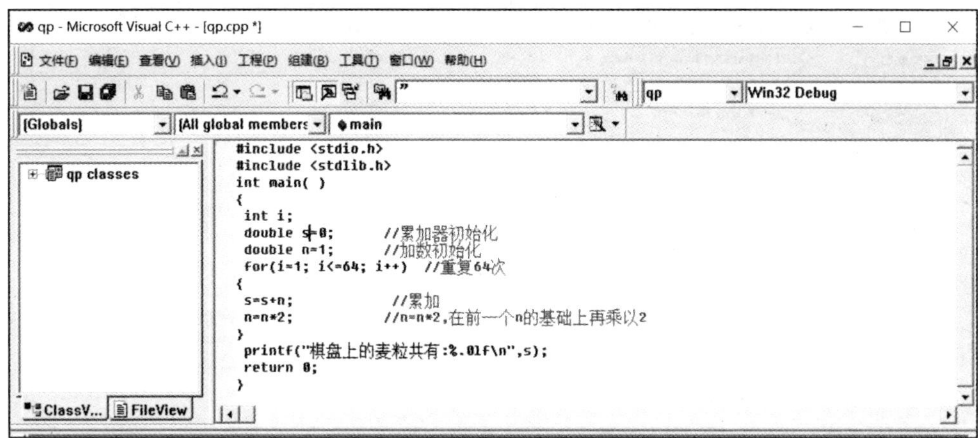

图 3-7-20　编辑程序

（4）保存程序文件。程序编辑完毕，执行文件保存命令以保存文件。

（5）编译程序。必须将 C 语言程序翻译成计算机能读懂的机器语言，这个过程称为编译。在“组建”菜单中选择“编译”命令或调试工具栏中的命令，如图 3-7-21 所示，即可对程序进行编译。计算机会弹出对话框询问是否创建工作区，单击“是（Y）”按钮即可，如图 3-7-22 所示。

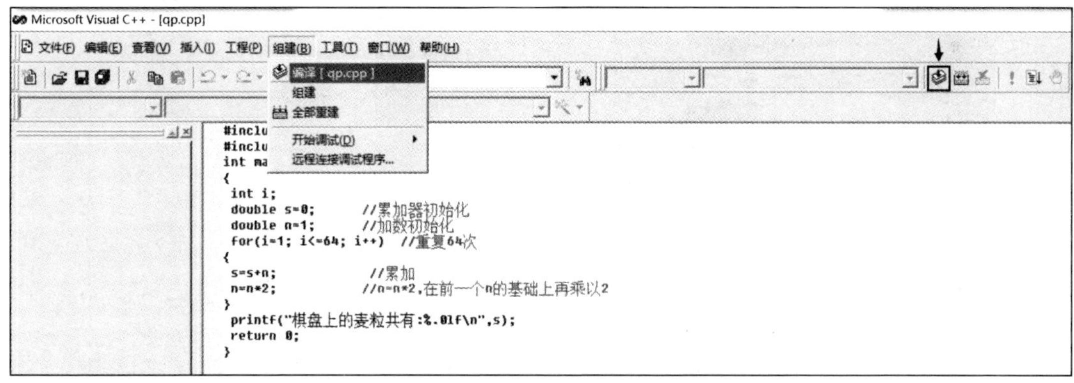

图 3-7-21　编译程序

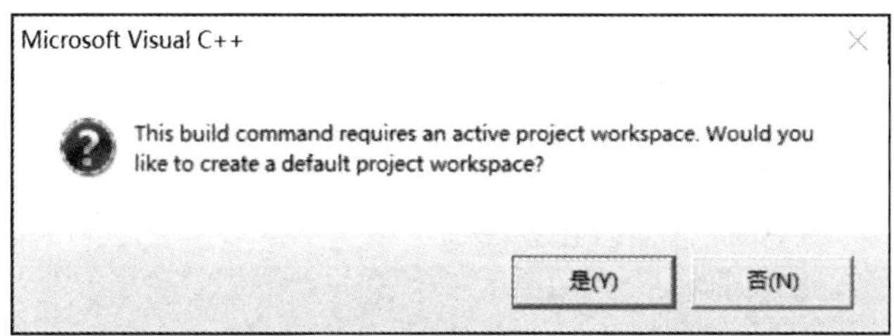

图 3-7-22　“是否创建工作区”对话框

在程序编译过程中，若发生语法错误，则会弹出如图 3-7-23 所示的窗口，并提示错误类型。若没有发生语法错误，则在弹出的窗口中显示“qp.obj-0 error(s),0 warning(s)”。

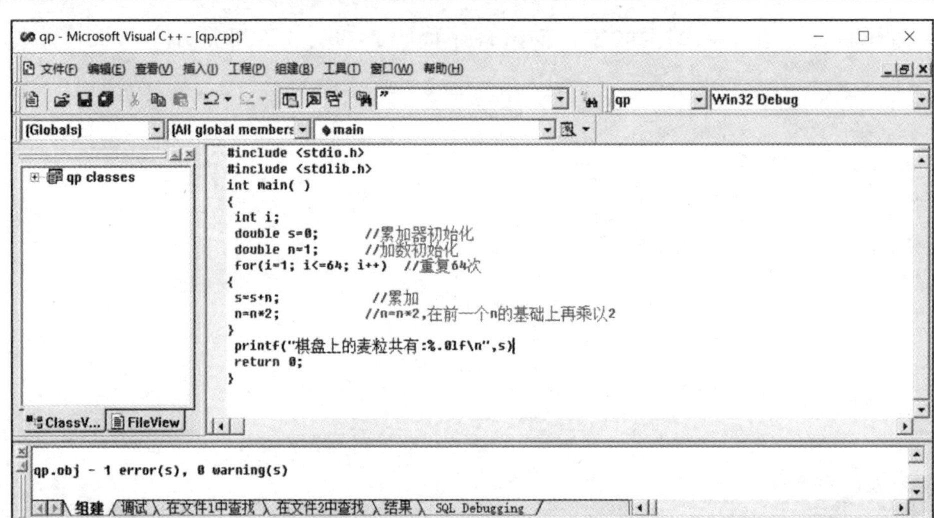

图 3-7-23　编译过程窗口

（6）运行程序。在“组建”菜单中选择“执行”命令，或按下组合键 Ctrl+F5，或单击调试工具栏中的[!]按钮即可运行程序，如图 3-7-24 所示，并弹出程序结果显示窗口，如图 3-7-25 所示。

图 3-7-24　选择“执行”命令

图 3-7-25　程序结果显示窗口

4. 程序运行过程分析

在程序运行时，循环变量 i 从 1 开始每次递增 1，加数 n 每次增加 2n，并累加到变量 s 中。在程序运行期间，变量 i、n、s 的变化情况如表 3-7-1 所示。

表 3-7-1　运行过程中各变量的变化情况

循环变量 i	加数 n	累加后的和 s
		0
1	1	1(0+1)
2	2	3(1+2)
3	4	7(3+4)
4	8	15(7+8)
5	16	31(15+16)
6	32	63(31+32)
…	…	…

实验项目 8　计算机网络概述

实验子项目 8-1　认识计算机网络

一、实验目的

1. 了解计算机网络的基本概念。
2. 理解和掌握计算机网络的体系结构和工作原理。
3. 熟悉常见的计算机网络设备，并了解各种网络设备的基本功能。
4. 对构成网络的硬件、软件有感性和具体的认识，并能进行简单的网络安装。
5. 初步掌握网卡的安装，各种参数和协议的设置。
6. 熟悉计算机网络中的各类传输介质，并了解各种线缆的相应标准。

二、实验相关知识

计算机网络就是将分布在不同地理位置、具有独立操作系统的计算机及其附属设备，通过通信设备与线路连接起来，按照共同的网络协议实现相互之间的信息传递与资源共享的系统。网络协议是计算机之间进行通信的约定和规则。

计算机网络的功能主要是信息交换、资源共享、提高系统的可靠性、分布式处理、负载均衡。计算机网络按地理范围分为局域网、城域网、广域网。计算机网络拓扑结构可以划分为总线型、环型、星型、树型、网状和混合网络。

计算机网络互连硬件设备有网卡、中继器、集线器、网桥、交换机、路由器、调制解调器。计算机网络常用的传输介质分为有线传输介质与无线传输介质两大类。

三、实验任务

参观计算中心实验室机房网络控制室，熟悉和认识网卡、网络连接头、传输线缆、集线器、交换机、路由器、服务器等常见的计算机网络设备的外形、特征及基本功能，学会网卡的安装与配置。

1. 计算机网络硬件信息的获取

尽可能获取当前使用计算机网络的硬件配置信息，并将查到的信息填入表 3-8-1 中。

表 3-8-1　计算机网络的硬件配置信息

部件名称	厂家型号	主要指标
网线		
网络连接头		
网卡		
交换机		
路由器		
服务器		

2. 计算机网络设备功能描述

将表 3-8-2 第 1 列中的功能序号填入第 3 列中，即将计算机网络部件的功能与计算机网络部件一一对应。

表 3-8-2　计算机网络硬件功能表

功能		设备名称	设备可以完成的任务号
（1）传输物理信号	（2）串行/并行转换	网线	
（3）对数据进行缓存	（4）实现以太网协议	网卡	
（5）收发数据	（6）对信号再生放大	集线器	
（7）扩大网络的传输距离	（8）连接所有节点	中继器	
（9）连接不同的网段	（10）连接多个电脑	交换机	
（11）将信号转接	（12）网络互连	路由器	
（13）转发数据	（14）提供各种服务	服务器	

3. 查看计算机网络配置情况

（1）你上课所在的实验室机房的计算机数量有________________。

- 你上课所在实验室机房的连接计算机网络的交换机数量有________________。
- 实验室机房的计算机网络的拓扑结构属于________________。
- 按网络环境分类，实验室机房的计算机网络类型属于________________。
- 按地理范围分类，实验室机房的计算机网络类型属于________________。

（2）进入“命令提示符”界面，运行 ipconfig/all 命令，查看当前网络配置情况。依次选择“开始”→“运行”命令，在弹出的“运行”对话框中输入“cmd”命令，然后单击“确定”按钮，如图 3-8-1 所示。

（3）在弹出的“命令提示行”界面输入命令“ipconfig/all”，按下回车键，查看显示的信息，如图 3-8-2 所示。

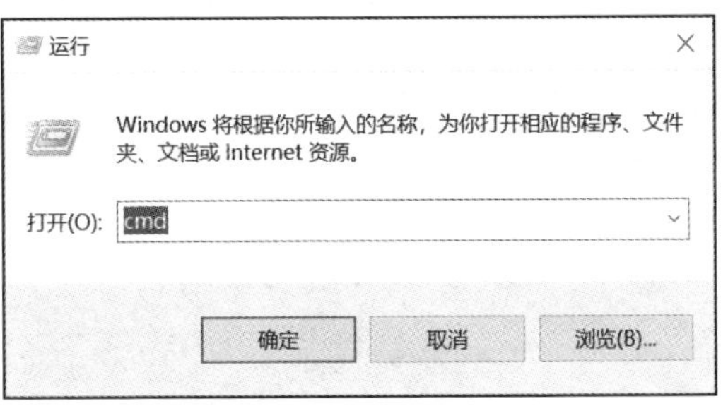

图 3-8-1　“运行”对话框

```
C:\WINDOWS\system32\cmd.exe
C:\Users\卢江>ipconfig

Windows IP 配置


以太网适配器 以太网:

   媒体状态  . . . . . . . . . . . . : 媒体已断开连接
   连接特定的 DNS 后缀 . . . . . . . :

无线局域网适配器 本地连接* 2:

   媒体状态  . . . . . . . . . . . . : 媒体已断开连接
   连接特定的 DNS 后缀 . . . . . . . :

无线局域网适配器 本地连接* 4:

   媒体状态  . . . . . . . . . . . . : 媒体已断开连接
   连接特定的 DNS 后缀 . . . . . . . :

无线局域网适配器 WLAN:

   连接特定的 DNS 后缀 . . . . . . . :
   本地链接 IPv6 地址. . . . . . . . : fe80::65d6:1e73:f000:8346%14
   IPv4 地址 . . . . . . . . . . . . : 192.168.3.178
   子网掩码  . . . . . . . . . . . . : 255.255.255.0
   默认网关. . . . . . . . . . . . . : 192.168.3.1

以太网适配器 蓝牙网络连接:
```

图 3-8-2　“命令提示行”界面

（4）查看图 3-8-2 中显示的信息，并完成下面的填空。

- 网络适配器（网卡）型号：________________。
- 网络适配器（网卡）物理地址：________________。
- IP 地址：________________。
- 子网掩码：________________。
- 默认网关：________________。
- 首选 DNS 服务器：________________。
- 备用 DNS 服务器：________________。

（5）DNS 的含义是________________。

IP 的含义是________________。

（6）通过网络连接的 TCP/IP 属性窗口，查看 IP 地址和 DNS 服务器地址的获得方式为________。（自动获得/手工指定）

【操作提示】

依次选择“开始”→“控制面板”→“网络和 Internet”→“网络和共享中心”命令，如图 3-8-3、图 3-8-4 所示。

图 3-8-3 “控制面板”窗口

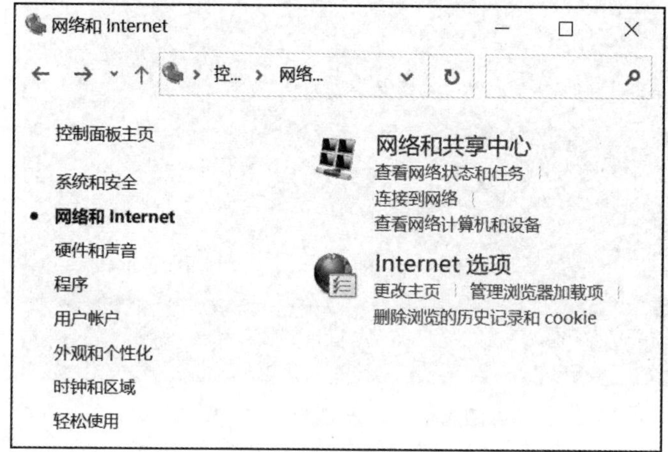

图 3-8-4 “网络和 Internet”窗口

在“网络和共享中心”窗口中选择“更改适配器设置”命令，如图 3-8-5 所示。

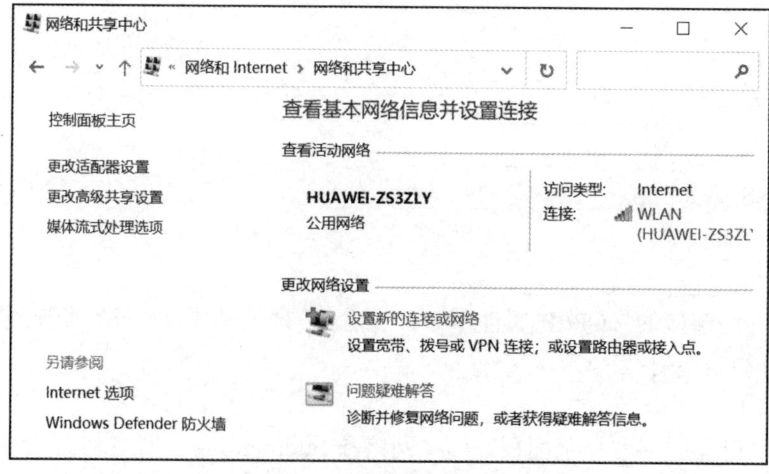

图 3-8-5 “网络和共享中心”窗口

在“网络连接”窗口中右击“WLAN”选项，在弹出的菜单中选择“属性”命令，如图 3-8-6 所示。

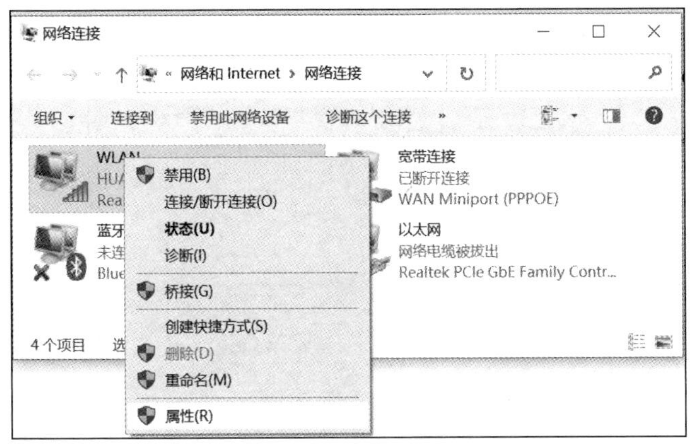

图 3-8-6 “网络连接”窗口

在弹出的“WLAN 属性”窗口中勾选“Internet 协议版本 4（TCP/IPv4）”复选框，然后再单击“确定”按钮，如图 3-8-7 所示。

在“Internet 协议版本 4（TCP/IPv4）属性”对话框中，查看 IP 地址和 DNS 服务器地址的获得方式，如图 3-8-8 所示。

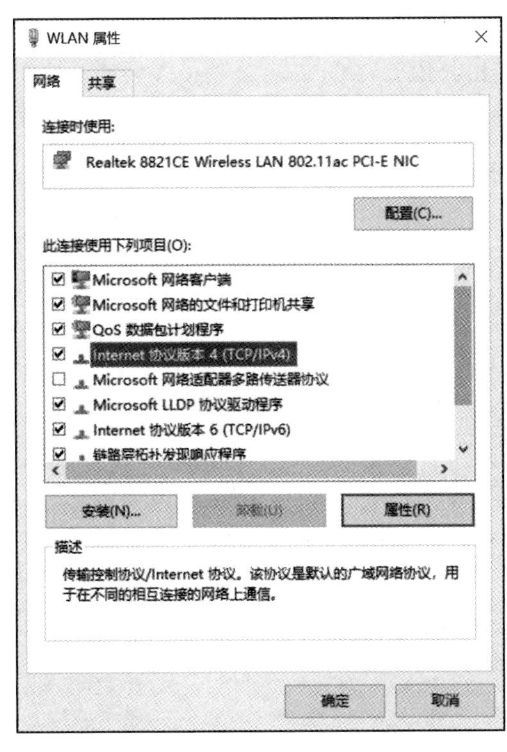

图 3-8-7 “WLAN 属性”窗口

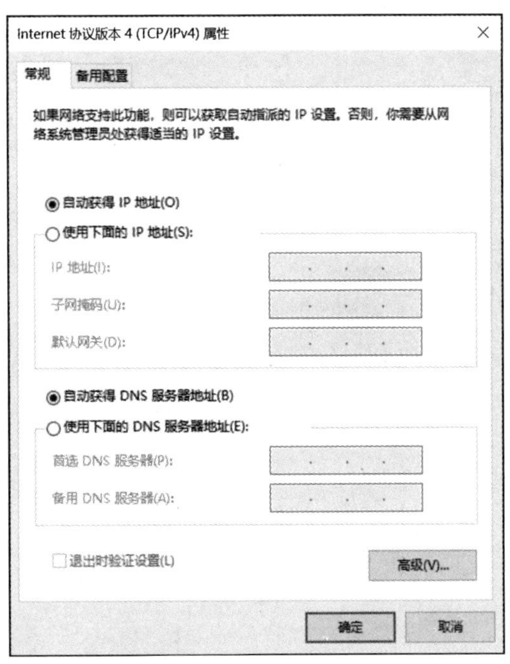

图 3-8-8 设置网络接口为“自动获得 IP 地址”方式

设置网络接口为“使用下面的 IP 地址”方式，为网络接口配置 IP 地址、子网掩码、默认网关、DNS 服务器的 IP 地址信息。根据 ipconfig 命令获得的网络接口参数配置网络接口信息，如图 3-8-9 所示。然后分别试着调整 IP 地址、子网掩码、默认网关、DNS 服务器的 IP 地址信息，并观察可能带来哪些什么问题。

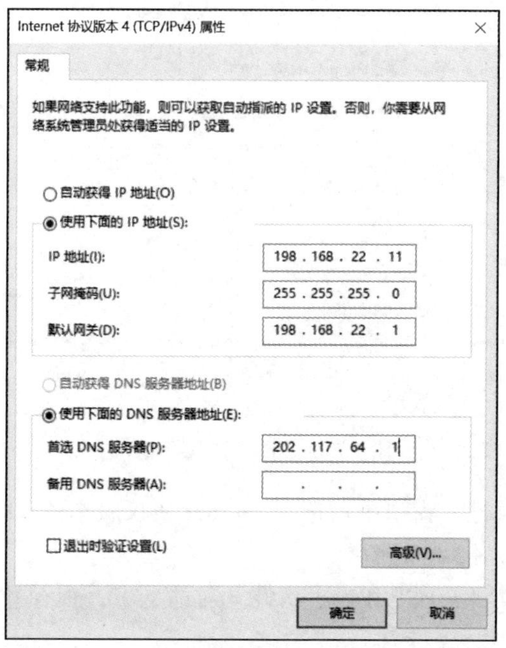

图 3-8-9　设置网络接口为“使用下面的 IP 地址”方式

4. 绘制如图 3-8-10 所示的实验室机房网络拓扑图

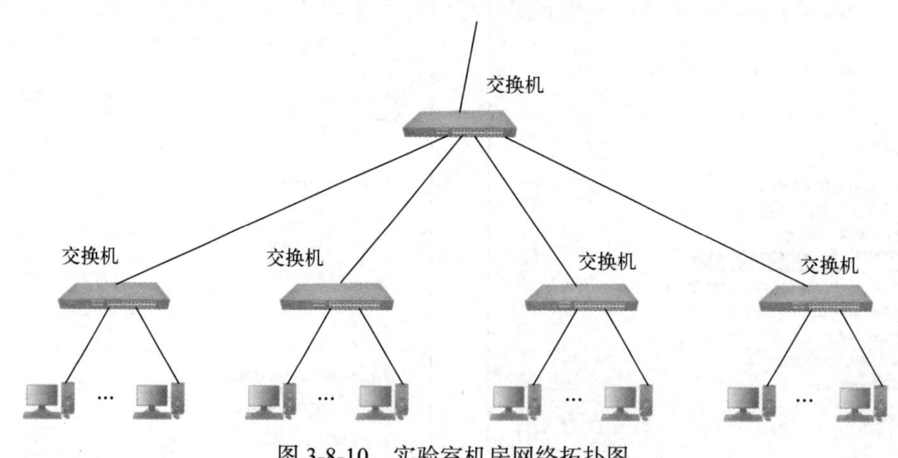

图 3-8-10　实验室机房网络拓扑图

实验子项目 8-2　有线和无线混合局域网的组建与配置

一、实验目的

1. 了解有线和无线混合局域网的基本组成。
2. 掌握局域网设备互通所需的基本配置。
3. 掌握验证局域网连通性的方法。

二、实验相关知识

局域网由网络硬件与网络软件两部分组成。网络硬件主要有服务器、工作站、传输介质和网络连接设备等。网络软件包括网络操作系统、控制信息传输的网络协议，以及相应的协议软件、大量的网络应用软件等。

三、实验任务

根据用途、预算等进行组建局域网，组建一个有线和无线混合局域网，其规模可以满足办公室或家庭（学生宿舍）用户的上网需求。

1. 选择网络设备

填写如表 3-8-3 所示的组建局域网配置单，并按表 3-8-3 进行配置。每个配置单至少包括网线、水晶头、网卡、交换机、路由器、计算机等部件。

表 3-8-3　组建局域网配置单

学生个人信息					
学校		学院		专业	
学号		姓名		班号	
组网用途				完成日期	
资金预算				信息渠道	
硬件部分					
配件名称	厂商	型号和主要指标		数量	单价
网线					
水晶头					
网卡（可选）					
交换机					
路由器					
Modem					
计算机					
打印机					
机顶盒					
智能电视					
总价					

2. 查看路由器和交换机接口

（1）路由器和交换机上的接口 WAN 表示的含义是________________。

路由器和交换机上的接口 WAN 用来连接________________。

（2）路由器和交换机上的接口 LAN 表示的含义是________________。

路由器和交换机上的接口 LAN 用来连接________________。

（3）路由器上的 Reset 按键功能是________________。

（4）Modem 的中文意思是________________。

3. 连接网络设备

（1）组建家庭或学生宿舍局域网

根据入户宽带线路的不同，可以分为网线、电话线、光纤三种接入方式，如图 3-8-11 所示。

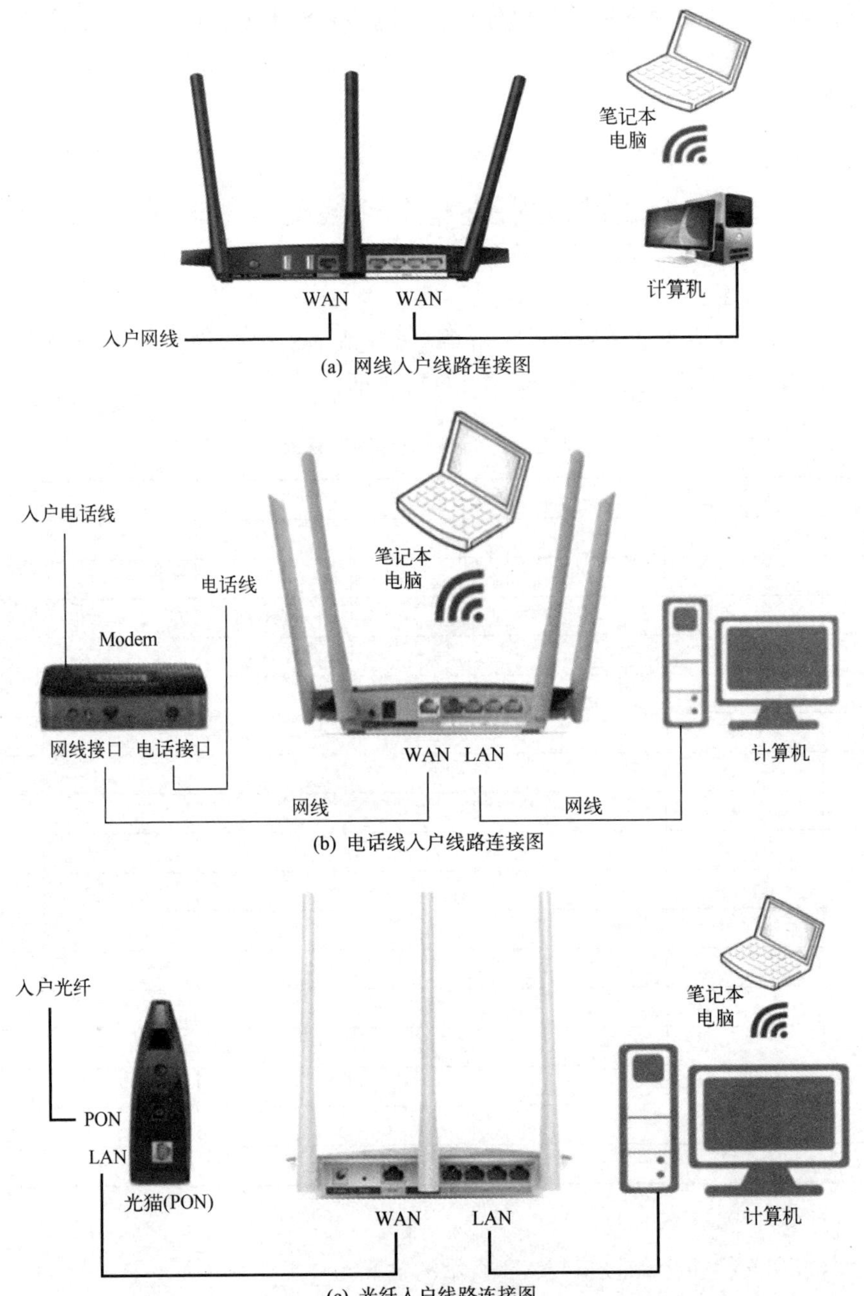

(a) 网线入户线路连接图

(b) 电话线入户线路连接图

(c) 光纤入户线路连接图

图 3-8-11　三种接入方式的家庭或学生宿舍局域网连接图

本实验选择网线入户接入方式，按照如图 3-8-11(a)所示的线路连接图，用网线将各个硬件设备进行连接。注意，接口的选择及连线所使用的线缆类型。

（2）组建办公室局域网

按照如图 3-8-12 所示的线路连接图，计算机与交换机、打印机、无线路由器连接；路由器与外网连接；路由器与交换机连接。注意，接口的选择及连线所使用的线缆类型。

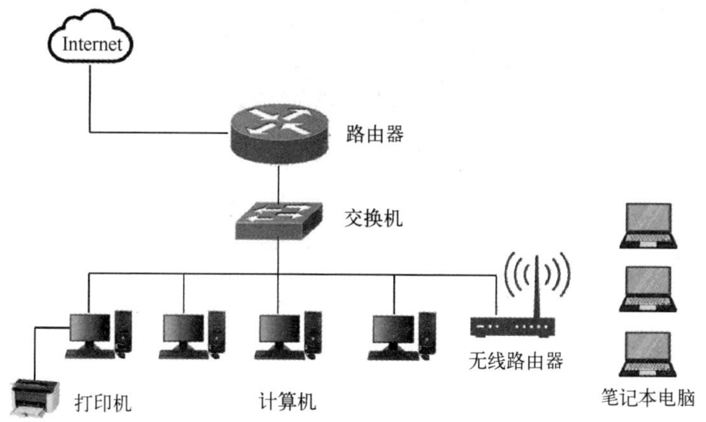

图 3-8-12　办公室局域网拓扑图

【操作提示】

若要制作计算机-交换机或集线器的网线，则应该选择直通线，即两头都是 568A 或者两头都是 568B；若要制作计算机-计算机的网线，应该选择交叉线，即一头是 568A，一头是 568B。

标准 568A：1 绿白，2 绿，3 橙白，4 蓝，5 蓝白，6 橙，7 棕白，8 棕。

标准 586B：1 橙白，2 橙，3 绿白，4 蓝，5 蓝白，6 绿，7 棕白，8 棕。

网线共有 8 根线，其中 1、2、3、6 用于传输数字信号，即用于传输网络数据，1、2 用于下载网络数据，3、6 用于上传网络数据。

4. 配置家庭或学生宿舍局域网

【操作提示】

线路连接完毕后，打开浏览器输入路由器的管理地址，如图 3-8-13 所示，然后进入路由器登录界面，输入用户名和密码，如图 3-8-14 所示。具体路由器的登录地址、登录账户和登录密码可以参考说明书或者路由器背面的标签。

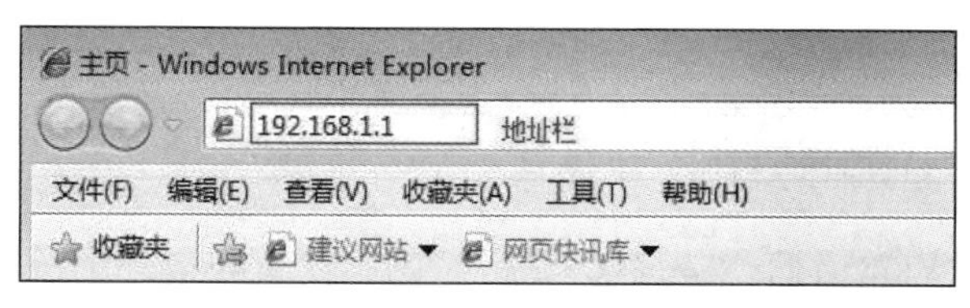

图 3-8-13　输入路由器的管理地址

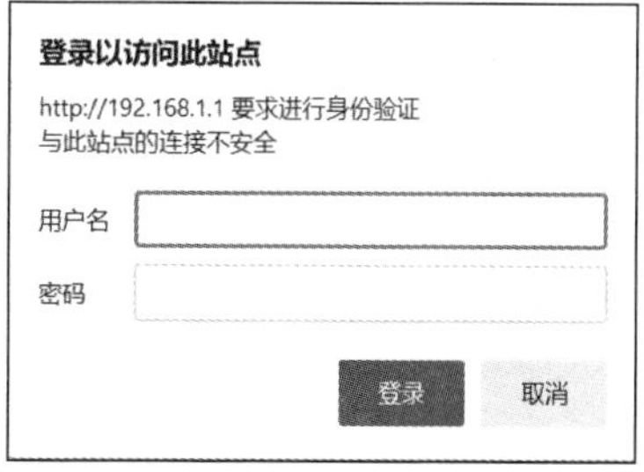

图 3-8-14　“路由器登录”界面

登录成功后，选择快速设置，然后单击“下一步”按钮。

选择上网方式，用户通常选择第二项 PPPoE；若采用网线入户接入方式，则根据实际情况选择第 3、4 两项；若不知道该怎么选择，则直接选择第 1 项自动选择即可，方便新手操作，选择完毕后单击“下一步”按钮，如图 3-8-15 所示。

输入从网络服务商申请到的上网账号和口令，输入完成后，直接单击“下一步”按钮，如图 3-8-16 所示。

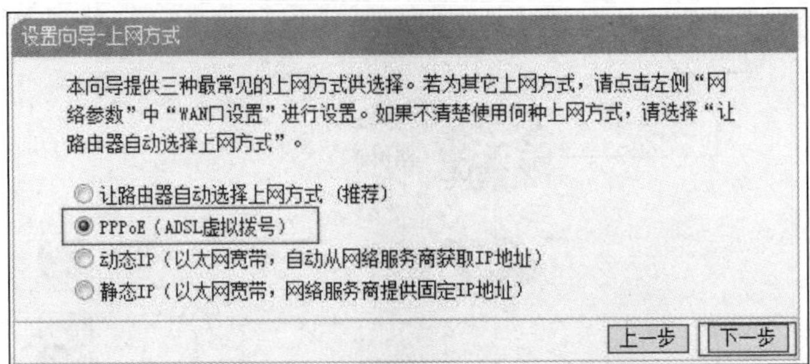

图 3-8-15 “设置向导-上网方式”界面

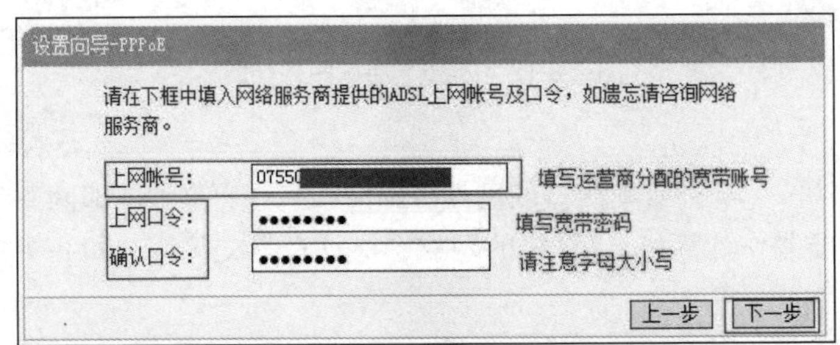

图 3-8-16 “设置向导-PPPoE”界面

设置 Wi-Fi 密码，尽量使用英文字母与数字组合的比较复杂的密码，如图 3-8-17 所示。

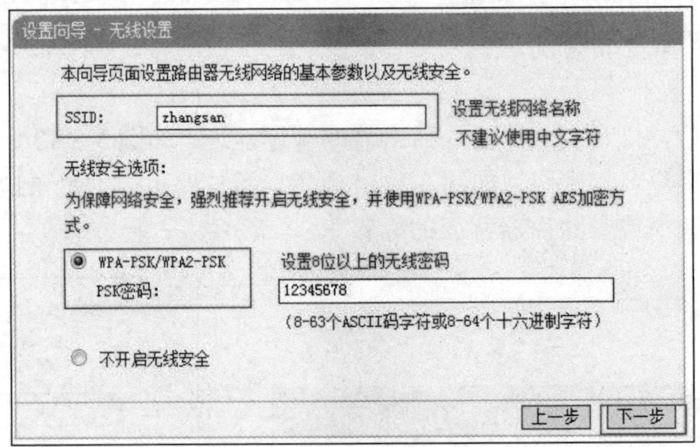

图 3-8-17 “设置向导-无线设置”界面

Wi-Fi 密码输入正确后会提示是否重启路由器，若选择“是”，则确认重新启动路由器，重新启动路由器后，即可正常上网。

5. 网络的连通测试

网络配置好后，需要测试网络连接是否正常，可使用 ping 命令进行测试。ping 命令用于检测网络连接是否正常，ping 命令只能在支持 TCP/IP 协议的网络中使用。具体格式是 ping 计算机的 IP 地址或域名。常用的使用方法如下。

（1）检查本机的网络设置是否正常，有以下 4 种方法。

① ping 127.0.0.1 　　② ping localhost

③ ping　本机的 IP 地址　　　　　　　　　④ ping　本机机器名

ping　127.0.0.1：用于检查网络协议的安装情况。若有问题，则重新安装网络协议。

ping　本机的 IP 地址：用于检查网卡工作是否正常。若有问题，则检查网卡指示灯是否正常，网卡安装有无松动问题，是否需要换新的网卡。

（2）检查默认网关是否连通，具体方法如下。

ping　默认网关的 IP 地址：用于检查用户计算机与网络的连通情况。若有问题，则需要联系网络中心管理员解决。提示：默认网关的 IP 地址可从两种途径获得，一是使用 ipconfig/all 命令获得；二是通过 TCP/IP 属性窗口获得。

（3）检查局域网线路是否正常，具体方法如下。

ping　局域网内的主机 IP 地址（办公室内同一网段的其他计算机）：若有问题，则检查插座是否松动，或网线有无问题。若办公室有集线器或交换机且电源已打开，则检查它们是否正常工作。

（4）检查 Internet 是否连通，具体方法如下。

选择 Internet 上的某个服务器，然后通过 ping 命令进行检查。

方法：ping　Internet　某台服务器的域名（或 IP 地址）。

例如：ping　www.sina.com.cn

　　　ping　150.164.100.122

若网络连通正常，则会出现如下信息。

```
Ping  150.164.100.122  with 32 bytes of data:
Reply from 150.164.100.122: bytes=32 time=2ms TTL= 255
Reply from 150.164.100.122: bytes=32 time=6ms TTL=255
Reply from 150.164.100.122: bytes=32 time=6ms TTL=255
```

若网络连通不正常，则会出现如下信息。

```
Request timed out.
Request timed out.
Request timed out.
```

实验项目 9　Internet 的服务与应用

实验子项目 9-1　信息浏览和文献检索

一. 实验目的

1. 掌握浏览器和搜索引擎的使用方法。
2. 掌握信息浏览和文献检索的技术。

二、实验相关知识

在信息社会，面对纷繁复杂的信息，高效地获取有用的信息来支撑自己的学习和工作是 21 世纪学生必须具备的信息素养之一。而信息社会的一个重要特征是信息的数字化、网络化，从网络上快速、高效地获取信息越来越成为人们学习工作和娱乐必备的技能之一。

信息浏览是获取信息的一种途径，在互联网时代，人们主要是通过计算机网络访问网站获取信息的，访问网站需要用到的工具软件是网页浏览器。网页浏览器是一个显示网页服务器或档案系统内的文件，并让用户与这些文件互动的一种软件。网页一般是超文本标记语言（标准通用标记语言下的一个应用）的格式。有些网页需要使用特定的浏览器才能正确显示，这些特定的浏览器用来显示在万维网或局域网等内的文字、影像及其他资讯。这些文字或影像可以是连接其他网址的超链接，用户可迅速、容易地浏览各种资讯。

文献检索（Information Retrieval）是指根据学习和工作的需要获取文献的过程。近代认为文献是指具有历史价值的文章和图书或与某一学科有关的重要图书资料，随着现代网络技术的发展，文献检索更多是通过计算机技术来完成的。

三、实验任务

1. 信息浏览

（1）通过搜索引擎，搜索如表 3-9-1 所示的重要网址。

表 3-9-1　重要网址

序号	单位	网址
1	中华人民共和国教育部	
2	中国国家图书馆	
3	中国科学院	
4	长安大学	
5	Top500 Supercomputer Sites	

（2）访问 Top500 Supercomputer Sites，然后完成下列操作。

① 将最近一届超级计算机 Top500 中前 5 名计算机的基本信息复制到 Excel 中，制作成如图 3-9-1 和图 3-9-2 所示的数据表和直方图，文件名为 Top500.xls

第32届世界超级计算机Top500排行榜						
排名	落户地址	计算机	公司	核心数量	Rmax	Rpeak
1	DOE/NNSA/LANL	Roadrunner	IBM	129600	1105	1456.7
2	Oak Ridge National Laboratory	Jaguar	Cray Inc.	150152	1059	1381.4
3	NASA/Ames Research Center/NAS	Pleiades	SGI	51200	487.01	608.83
4	DOE/NNSA/LLNL	BlueGene/L	IBM	212992	478.2	596.38
5	Argonne National Laboratory	Blue Gene/P	IBM	163840	450.3	557.06

图 3-9-1　第 32 届超级计算机 Top500 前 5 名计算机的基本信息

② 通过 Internet 查询 Rmax 和 Rpeak 的含义。

Rmax：____。

Rpeak：____。

③ 在最近一届超级计算机 Top500 排名中，我国神威太湖之光的性能如下。

Rmax：______________（TFlops）。

Rpeak：______________（TFlops）。

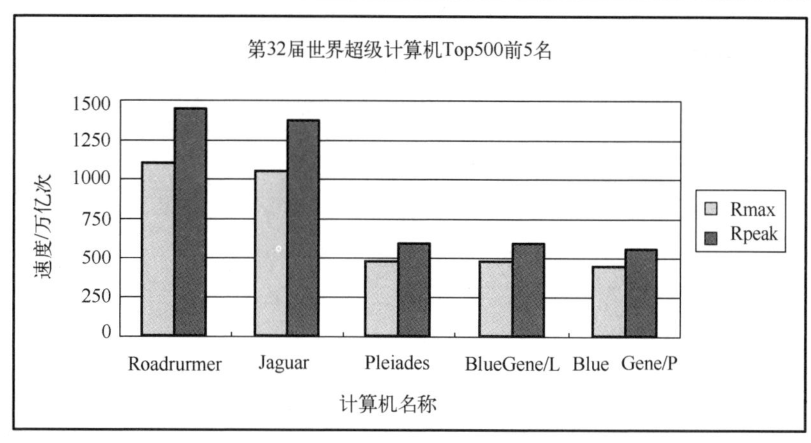

图 3-9-2　第 32 届超级计算机 Top500 前 5 名计算机性能直方图

（3）访问中国科学院官方网站，将主页分别以.htm 和.mht 类型进行保存，仔细观察并说明这两种保存形式的区别。

（4）访问中国科学院官方网站，查找信息技术科学部院士名单，然后把该名单复制到 Word 中，制作 Word 文档并进行格式化，文件名为“信息技术科学部院士.doc”。

2. 文献检索

（1）访问中国国家图书馆官方网站，查找博士论文库，然后完成下列操作。

① 检索导师为李佩成院士的博士学位论文，并选择其中一篇论文下载。

【操作提示】

打开中国国家图书馆官网，在打开的网页中，选择单击“论文”图标，如图 3-9-3 所示。在打开的“论文资源库”页面中，单击“中国优秀博硕士学位论文数据库”按钮，如图 3-9-4 所示。在打开的页面中选择“博士”选项，在“输入检索条件”区域的第三行中选择“导师”，在其文本框中输入“李佩成”，在右侧下拉按钮中选择“精确”，如图 3-9-5 所示。单击“检索”按钮后，在页面下方显示检索出的论文列表中选择其中一篇博士论文进行下载，如图 3-9-6 所示。

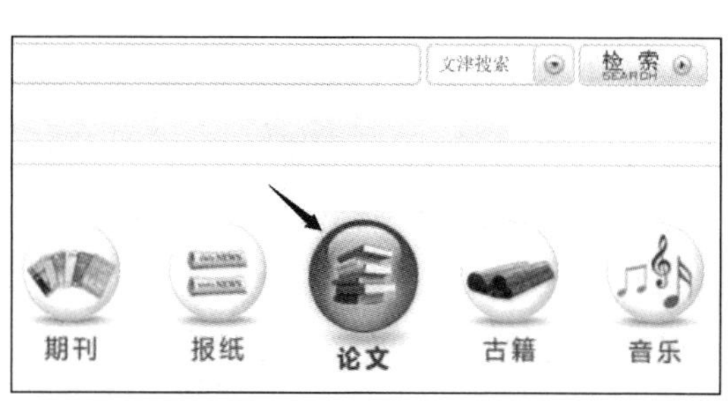

图 3-9-3　“论文”图标

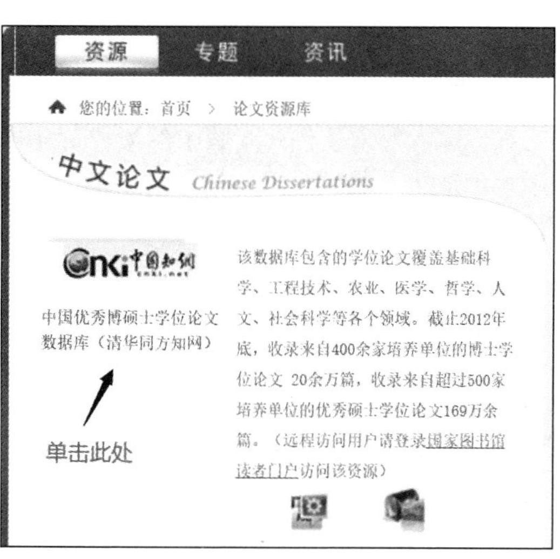

图 3-9-4　论文资源库

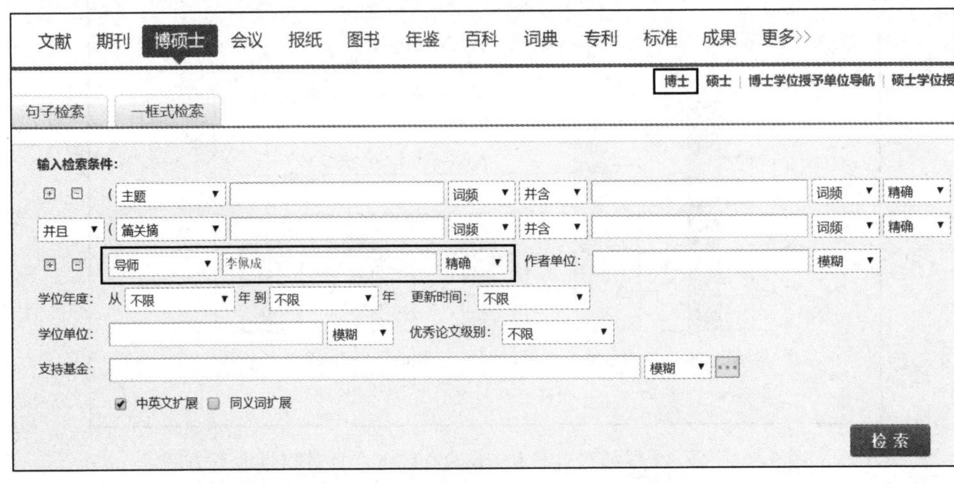

图 3-9-5 “输入检索条件”页面

	中文题名	作者	学位授予单位	学位授予年度	被引	下载	阅读	收藏
1	变化条件下黄土台塬地区小流域水文生态演变机理及保护研究	管子隆	长安大学	2021年		44		
2	秦岭北麓西安主要供水河流水文丰枯演化及供水安全研究	尤琦英	长安大学	2020年		142		
3	顶板巨厚砂岩含水层水文地质特征与水害防治技术研究——以麦垛山煤矿为例	马莲净	长安大学	2020年		207		
4	三水统观统管理论与实践研究	王建莹	长安大学	2016年	5	350		
5	高速公路对水文生态的影响及应对策略研究	王艳华	长安大学	2015年	6	748		
6	关中降水与气温时空动态演变特征研究	熊光红	长安大学	2015年	13	694		
7	干旱地域地下水浅埋区土壤水分变化规律研究	朱红艳	西北农林科技大学	2014年	35	1484		
8	土壤水的监测技术方法与运移规律研究	贾志峰	长安大学	2014年	32	1301		
9	旅游对景区生态的负面影响及景区生态保护研究——以河南宝天曼生态旅游区为例	付恒阳	长安大学	2014年	29	3166		

图 3-9-6 检索出的博士论文列表

② 检索关键词为“数据处理方法”的博士论文。

【操作提示】

在“输入检索条件”区域中的第一行中的下拉列表中选择“关键词”，在其对应的右侧的文本框中输入“数据处理方法”，如图 3-9-7 所示。单击“检索”按钮，在页面显示检索出的博士论文列表，如图 3-9-8 所示。

③ 检索本专业的博士论文。

【操作提示】

在左侧文献分类目录中选择与本专业相近的分类，如“计算机”专业，选择“计算机理论与方法”分类，如图 3-9-9 所示。

（2）访问本校图书馆

① 列出使用次数前 5 名的数据库清单，如表 3-9-2 所示。

② 在“中国知网”数据库中，找到《计算机教育》杂志，并下载 2020 年第 7 期发表的《在线教学新常态 混合金课再出征》的教学论文。

文献
期刊
博硕士
会议
报纸
图书
年鉴
百科
词典
专利
标准
成果
更多>>
博士 | 硕士 | 全部　学位授予单位导航 | 博士学位论
句子检索
一框式检索
输入检索条件:
主题
数据处理方法
词频
并含
词频
精确
并且
主题
篇关摘
关键词
题名
全文
被引文献
摘要
目录
中图分类号
学科专业名称
DOI
模糊
作者单位:
学位年度:
年 到 不限 年
更新时间: 不限
学位单位:
优秀论文级别: 不限
支持基金:
同义词扩展
检 索

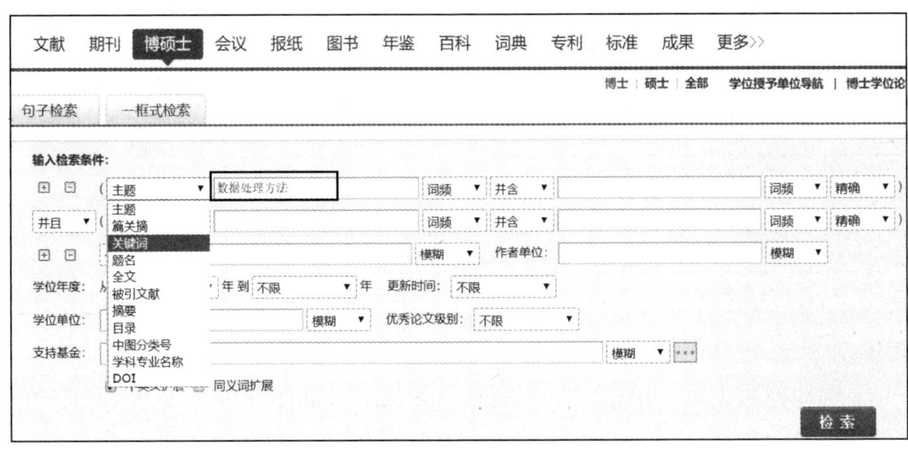

图 3-9-7　“输入检索条件”页面

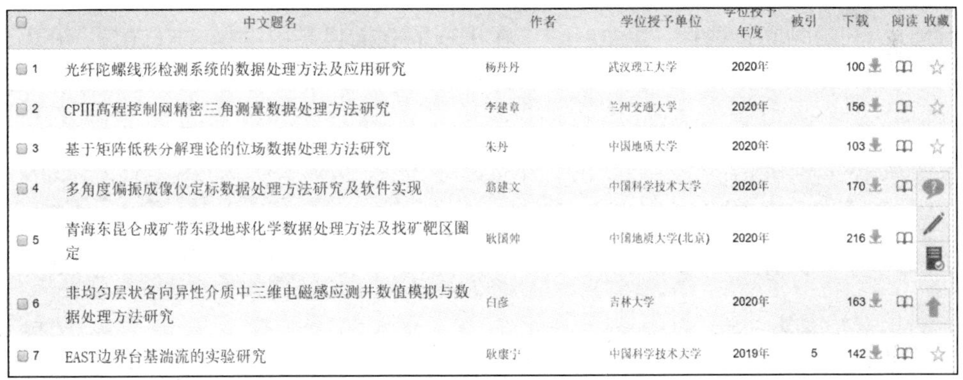

中文题名
作者
学位授予单位
学位授予年度
被引
下载
阅读
收藏
1 光纤陀螺线形检测系统的数据处理方法及应用研究 杨丹丹 武汉理工大学 2020年 100
2 CPIII高程控制网精密三角测量数据处理方法研究 李建章 兰州交通大学 2020年 156
3 基于矩阵低秩分解理论的位场数据处理方法研究 朱丹 中国地质大学 2020年 103
4 多角度偏振成像仪定标数据处理方法研究及软件实现 翁建文 中国科学技术大学 2020年 170
5 青海东昆仑成矿带东段地球化学数据处理方法及找矿靶区圈定 耿国帅 中国地质大学(北京) 2020年 216
6 非均匀层状各向异性介质中三维电磁感应测井数值模拟与数据处理方法研究 白彦 吉林大学 2020年 163
7 EAST边界台基湍流的实验研究 耿康宁 中国科学技术大学 2019年 5 142

图 3-9-8　检索出的博士论文列表

全选 清除
基础科学
工程科技Ⅰ辑
工程科技Ⅱ辑
农业科技
医药卫生科技
哲学与人文科学
社会科学Ⅰ辑
社会科学Ⅱ辑
信息科技
无线电电子学
电信技术
计算机硬件技术
计算机软件及计算机应用
计算机理论与方法
安全保密
计算机软件概况
程序设计、软件工程
程序语言、算法语言
关键词
数据处理方法
并且
篇关摘
作者
学位年度: 从 不限 年 到 不限 年
学位单位:
模糊
支持基金:
中英文扩展
同义词扩展
分组浏览: 主题 学位授予年度 基金 导师 学科专业 研究层次
数据处理方法(59) 数据处理(11) GPS(4) 地震数据(3)
逆时偏移(2) 基因芯片(2) 研究及应用(2) 减天光(2)
排序: 相关度 出版时间 被引 下载 学位授予年度
已选文献: 0 清除 批量下载 导出/参考文献

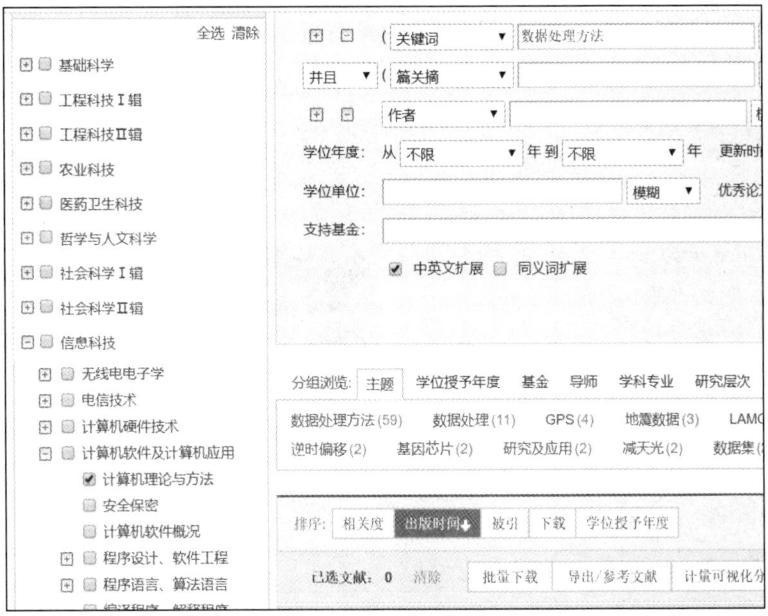

图 3-9-9　选择“计算机理论与方法”分类

表 3-9-2　使用次数前 5 名的数据库清单

排名	数据库名称
1	
2	
3	
4	
5	

【操作提示】

打开“中国知网”主页，单击“学术期刊”复选框，如图 3-9-10 所示。在打开的页面左侧单击“期刊导航”按钮，如图 3-9-11 所示。在打开的“期刊导航”页面中的“刊名”文本框中输入“计算机教育”，单击文本框右侧“出版来源检索”按钮，出现《计算机教育》期刊图标，如图 3-9-12 所示。单击《计算机教育》期刊图标，在新打开的页面中的左侧显示《计算机教育》期刊的时间，选择“2020 年”，在出现的刊期目录中选择“NO.07”，在右侧出现本期论文的目录，找到并打开《在线教学新常态 混合金课再出征》论文全文并下载，如图 3-9-13 所示。

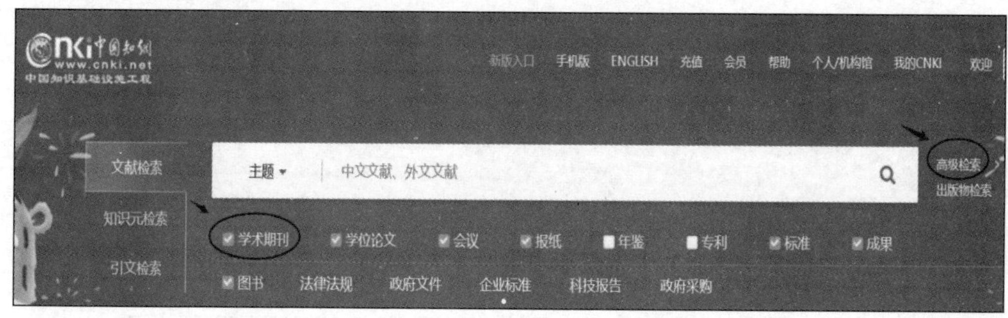

图 3-9-10　在“中国知网”主页选择“学术期刊”复选框

图 3-9-11　“期刊导航”窗口

图 3-9-12　显示《计算机教育》期刊

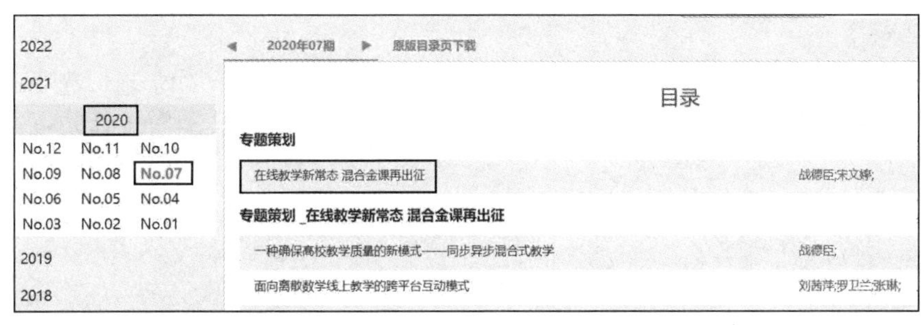

图 3-9-13　显示找到的论文的窗口

③ 在“中国知网”数据库中，检索（高级检索）发表在 2017—2022 年的《计算机学报》中的以“大数据“为关键字的相关论文，检索结果按时间排序显示，选择最新的一篇论文进行下载。

【操作提示】

在“中国知网”主页右上方，单击“高级检索”选项卡，在打开的页面中，选择“学术期刊”，在对应的文本框中输入指定的条件，如图 3-9-14 所示，最后单击“检索”按钮，在页面下方显示检索的结果，如图 3-9-15 所示。

图 3-9-14　“高级筛选”窗口

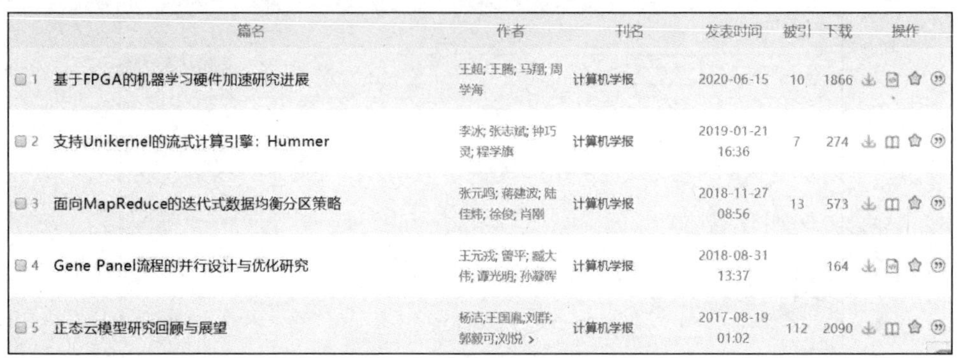

图 3-9-15 “高级筛选”的结果

④ 在“中国知网”数据库的“博硕士”中，检索 2015—2021 年关键字中包含“MOOC”，主题中包含“混合式”的博士论文并下载。

【操作提示】

在“高级检索”页面分类项选择“博硕士”选项卡，再选择“博士”选项，在对应的文本框中输入指定的条件，如图 3-9-16 所示，最后单击“检索”按钮，在页面下方显示检索的结果。

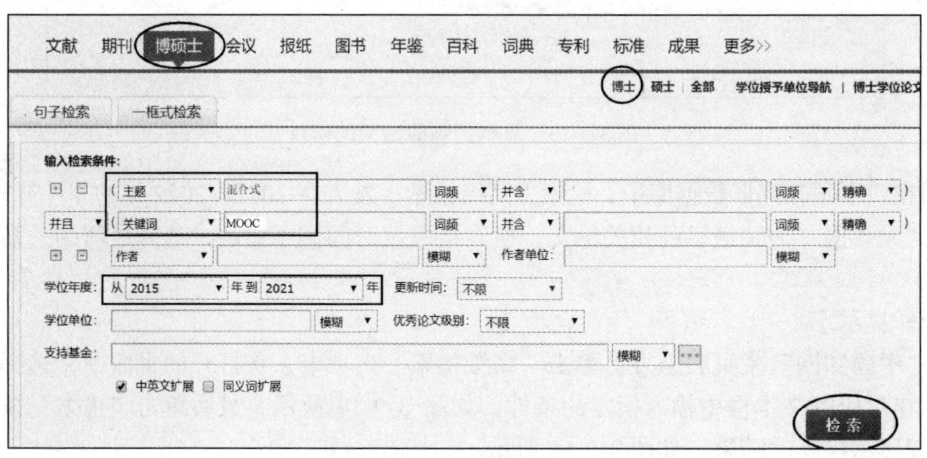

图 3-9-16 “高级筛选”的结果

第 4 部分　混合式教学设计方案

教学离不开设计，设计的目的是有效教学。有效教学是指能使学生在知识、能力、素质三个方面得到全面和充分发展的教学。

混合式教学是将师生的面对面教学和在线教学的优势结合起来的一种线上+线下的教学方式。混合式教学可以弥补传统教学和在线教学的缺点，实现资源的优势互补，达到提高教学质量、激发学生学习兴趣、实现学生深度学习和终身学习的目的。

混合式教学是一种“以学生为中心”的教学模式，这种教学模式的核心是激发学生自主学习，促进学生发现问题、解决问题，并形成学习结果。在这个过程中，教师不直接传递知识，而是采取帮助和引导的方式，让学生有充分的自主权，去参加自己喜爱的学习活动。因此，混合式教学要特别关注学生的有效学习。混合式教学的有效性是指站在学生的角度，与纯粹的在线学习和传统的课堂学习相比，分析混合式教学是否更加有助于提高学生的学习效果和满意度。

混合式教学代表了一种新的教学方法，它是课堂活动与在线活动的混合，利用互联网和通信技术让学生面对海量信息进行批判性的筛选和理解，然后让学生积极参与面对面的课堂活动，开展讨论学习、协作学习、项目实践。

教学设计是一种包括学生分析、学习内容分析、学习目标分析与描述、方案设计及对方案进行缺陷分析与改进的操作过程，而这一系列操作的目的是设计一个能满足要求的教学系统。

混合式教学改变了“教与学”的结构与途径，它是根本性的教育再设计。混合式教学设计的关键思想包括精心整合面对面学习与在线学习，把在线活动与课堂活动有机地衔接起来，最大程度地提高学生的参与度。

本书的混合式教学设计根据“有经验的学习”认知理论，将学生有先前经验的、认知负荷轻的“第 2 章　计算机系统概述”“第 5 章　数据处理与呈现”“第 7 章　算法与程序设计”“第 9 章　Internet 的服务与应用”共 4 章的内容设计为在线学习部分（共 8 学时，占比 25%），将认知负荷重的其他 5 个章节内容设计为线下面对面学习部分（共 24 个学时，占比 75%）。

在线学习活动安排：学生根据主教材每章的任务单开展 PBL（基于问题）学习，学习结束后，完成本书第一部分的任务安排，具体内容见“第一部分　问题与反思”。

面对面课堂活动安排：课堂活动采用 BOPPSS（导言、目标、前测、参与式学习、后测、总结）教学模型。具体内容见本章后续介绍的混合式教学设计方法样例。

对照教学目标，针对教学问题，混合式教学课堂活动有 6 个环节：翻转课堂、创设情景、应用迁移、小组讨论、分析评价、项目实践，如图 4-0-1 所示。

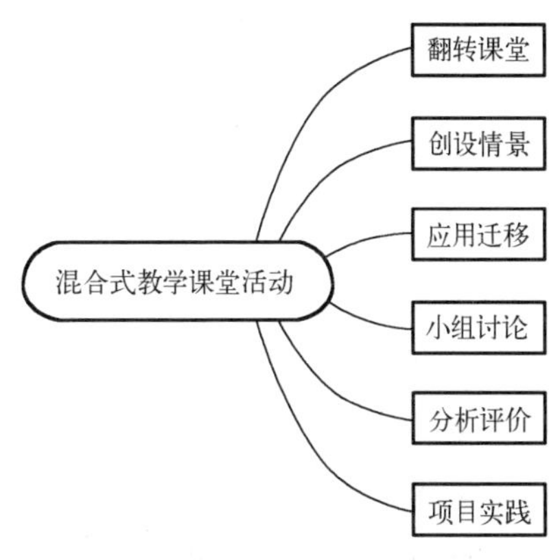

图 4-0-1　混合式教学课堂活动

（1）翻转课堂。学生之间分享问题，向他人讲解，绘制思维导图，制作 PPT，撰写报告。将知识以多种表征形式呈现，帮助学生深入理解知识，内化外达。

（2）创设情景。教师通过案例、创设情景，帮助学生建立先前经验，并要求学生将自己之前学习过的知识应用到这个情景中。

（3）应用迁移。给出调查或测试的问题，要求学生找出解决问题的方案，实现希望的结果，并撰写分析报告。例如，分别用手工、计算器、Excel、C 程序（给出代码）计算“棋盘上的麦粒”问题，分析对比不同方式的计算速度和计算结果。

（4）小组讨论。教师给学生提供一些案例，使学生能够广泛调用已掌握的知识，并与其他学生进行交流分享。让学生分析用到哪些学过的知识，以及这些知识是如何运用的。小组讨论环节对大一学生来说是一种挑战。

（5）分析评价。教师让学生去评价某件事，包括观点、解释、实验。例如，让学生去评判摩尔定律、图灵测试，或者评价其他小组的活动。分析评价环节属于高阶挑战。

（6）项目实践。基于项目设计，教师要求学生分工合作、各司其职，完成项目内容、撰写项目报告、写出反思总结报告，展示成果。鼓励学生参加中国大学生计算机设计大赛，进一步激发学生挑战困难的勇气。

在课程开始时，采用九宫格形式向学生描述应达到的目标，让学生明确通过哪些学习活动可以在知识、能力、素质三个方面得到提升，如表 4-0-1 所示。

表 4-0-1　课程学习后提升的能力

三大方面	计算	数据	算法
知识	计算的概念 计算系统的认知 网络系统的认知	数据与信息的概念 数据处理的方法 数据的组织管理	算法的概念 算法的表示 常用算法
能力	文档处理的能力 通过实验报告、翻转课堂、调查报告、项目文档等方式实现	数据处理的能力 通过 Excel、Access 及 4 个计算任务实现	信息获取的能力 通过调查报告、网络实验报告等方式实现
素质	自主学习能力 通过 MOOC 学习实现	高阶思维能力 通过问题求解实现	合作学习的能力 通过小组合作学习、实验项目等方式实现

本书给出了 4 个混合式教学设计方案样例和一个基于问题学习的教学设计方案样例，方便学生了解、熟悉混合式教学的活动，便于学生参与到混合式教学活动中，也给实施混合式教学的教师提供一个参考样例。

混合式教学设计方案样例 1——第 2 章　计算机系统概述

一、教学内容

➢ 课程内容：计算机硬件系统，计算机基本工作原理，计算机软件系统，微型计算机硬件系统。

➢ 理论教学学时：2 学时。

➢ 重要性：计算机科学是一门快速发展的学科，为了能够更好地使用计算机，必须对计算机系统有全面的认识。

二、教学目标

1. 知识

（1）掌握计算机系统的基本知识：计算机体系结构、计算机硬件系统、计算机软件系统、微型计算机的硬件。掌握冯·诺依曼体系结构，掌握计算机五大部件之间的关系。

（2）掌握计算机的基本工作原理、计算机的指令系统、指令的执行过程；了解流水线技术和多核技术。

（3）掌握计算机的硬件组成、CPU 及其性能指标、内存储器和外存储器；了解总线的种类和性能指标、串行总线和并行总线、接口的种类和性能指标。

2. 能力

通过分析、研讨冯·诺依曼体系结构，提高对计算机系统的认知能力。

通过拆装计算机，熟悉计算机内部结构，了解计算机性能指标，写出采购计算机的方案。

3. 情感

通过课堂分组讨论、探究，使学生理解计算机的处理方式与人的思维习惯不同，使学生懂得人与人之间要像计算机各部件一样分工合作、协调一致，共同完成实验项目。

三、学生基础

本次课程的授课对象都是大学一年级学生，尽管有一部分学生拥有计算机，但是绝大多数学生不了解计算机的硬件体系结构，只知道关于计算机的名词，但不知道具体的概念和原理。

由于学生平时可以经常接触和使用计算机，因此教师将关键的核心指标解释清楚，学生通过自主实践就可以掌握相关的知识。

通过编写计算机的采购方案，引导学生对计算机系统有一个全面的认识。

四、教学策略

教师采用抛锚法教学，遵循“以教师为主导、以学生为主体”的教学原则来开展本次线上教学。教师发布任务单，学生根据任务单自主学习基本知识，独立思考，在学习中寻找新的问题。学习结束后，展开小组讨论，讨论冯·诺依曼体系结构，了解计算机的工作原理。通过费曼输出式学习，先向同组其他成员讲解，然后选择小组代表向其他小组讲解。编写计算机的采购方案，掌握计算机的硬件组成。

五、教学环境及资源准备

（1）大学计算机基础 SPOC 课程。

（2）PPT 课件。

（3）智慧教室。

（4）案例视频：计算机组装。

六、教学支架

1. 小组讨论

小组围绕以下几个问题进行学习、探究与讨论。

（1）智能手机是计算机吗？

（2）计算机是如何组成的？

（3）计算机硬件与软件有什么区别？

（4）计算机是如何运行起来的？

（5）计算机完成计算工作主要有哪几个步骤？

（6）在量子计算机出现后，摩尔定律还起作用吗？请评价一下。

2. 小组协作

学生以小组为单位，分工完成以上问题的学习、思考与探究，并且整合组内每位成员的观点、资料，通过 PPT、案例、视频等方式展示小组对问题的理解。

3. 小组交流

依据费曼输出式学习法，采用“击鼓传花”方式，每组选出一名代表给另外一个组讲述指定的问题，即 A 组给 B 组讲，B 组给 C 讲，C 组给 A 组讲。听的小组负责给出相应的评价。

4. 评价规则

根据以下评价规则对小组表现进行打分，每项评价规则的满分均为 2 分，共 10 分。

（1）口齿流利，表达清晰。

（2）思路清晰，重点突出。

（3）符合题目，内容正确。

（4）答辩流畅，内容相符。

（4）简明扼要，条理清晰。

5. 小组分工

将每个班分成 5 个小组，每个小组 5～6 人。小组成员的具体分工为主持、记录、提问、拍照、编写总结报告。另外，每个成员均需要对其他组的表现进行打分评价。主持者负责汇总分数及对每个成员的表现做出评价；记录者负责记录讲解的问题、提出的问题及提出问题的过程；提问者负责准备好要提出的问题；编写者负责收集、整理意见，编写总结报告；拍照者负责拍摄本小组交流、讨论的场景，并协助编写者完成总结报告的编写。

6. 活动目标与总结

通过小组学习讨论，使学生的自主学习能力、团队合作能力、沟通表达能力、综合思考能力均有所提升。

小组活动结束后，以小组为单位提交一份小组活动总结报告，其主要内容包括探讨的问题及探讨的过程、学习收获与反思、对本次活动的评价与建议，并附上活动照片。

注意，小组活动总结报告模板由教师提供。

七、教学过程

本次课程的教学过程如下：

（1）课前自主学习（40 分钟）：学生在中国大学 MOOC 平台 SPOC 课程中自主学习“第 1 节　计算机系统”。

（2）随堂测验（5 分钟）：教师主要针对计算机系统的相关重要概念、计算机硬件系统的有关知识进行测验。

（3）学习讨论一（15 分钟）：学生针对冯·诺依曼体系结构进行提问、讨论、分析、总结。

（4）教师解答一（5 分钟）：教师解答学生在讨论过程中产生的问题。

（5）学习讨论二（15 分钟）：学生针对计算机硬件系统各个部件和相关的性能指标进行讨论。

（6）教师解答二（5 分钟）：教师解答学生在讨论过程中产生的问题。

（7）安排拓展学习（5 分钟）：根据不同用户对计算机的需求，编写计算机的采购方案。

（8）布置作业（2 分钟）：教师布置本章书面作业和实验项目作业。

（9）提交总结报告（3 分钟）：学生按要求提交总结报告。

八、评价和总结

本次课程采用线上自主学习方式，因为多数学生没有计算机，又是第一次进行线上教学，所以组织学生在智慧教室集中进行线上学习，并分组讨论。讨论方式根据费曼输出式学习，采用“击鼓传花”方式（A 组向 B 组讲解，B 组向 C 组讲解，C 组向 A 组讲解，依次循环）。每组抽取一个问题，先小组内部讨论，讨论结束后，选择一个组内成员向另一组讲解这个问题，听的小组为讲的小组打分。讨论和讲解活动结束后，以小组为单位编写活动总结报告。“击鼓传花”方式可充分调动学生的学习探究积极性，并给学生留下深刻影响。

九、练习巩固

在中国大学 MOOC 平台 SPOC 课程中完成单元测验。

混合式教学设计方案样例 2 —— 第 5 章　数据处理与呈现

一、教学内容

➢ 课程内容：数据的概念，数据的加工处理，数据处理的应用程序，电子文件的创建、编辑及输出，数据处理工具。

➢ 理论教学学时：2 学时；实验教学学时：2 学时。

➢ 重要性：在大数据时代，数据是非常宝贵的资源。在海量数据中寻找有价值的信息，已经成为数据处理的热门技术之一，因此掌握基本的数据搜集、整理、分析和处理等数据处理技术是时代需求。随着大数据时代的到来，研究热点已经从运算速度转向大数据处理能力，从以编程开发为主转变为以数据处理为中心。在商业、经济、医疗、科学计算等各个领域中，人们不再仅凭经验和直觉做出决策，而更多是基于数据分析来获得更为深刻、全面的决策。

注意，课后，学生需要在 SPOC 上进行作业互评。SPOC 作业为学生提供互评量表依据。

二、教学目标

（1）了解数据：包括数据的概念、数据的类型、数据的价值、数据的存储组织形式。

（2）了解数据的加工处理：包括数据获取、数据处理、数据处理方式、数据编辑、数据呈现。

（3）掌握数据处理的应用程序：包括办公自动化软件、图形/图像处理软件、科学计算数据处理应用软件。

（4）掌握电子文件的创建、编辑及输出：包括创建和编辑、格式化与排版、表格和图文混排、电子文件的呈现、电子文件中的数据处理。

（5）掌握数据处理的工具：包括电子表格基础、数据的计算、数据的管理、数据的分析。

三、学生基础

本次课程的授课对象都是大学一年级学生，尽管有一部分学生曾经在中学学习过信息技术课程，但入学测试成绩表明，学生并没有对计算机的数据处理知识进行过系统性的学习。

另外，关于数据处理的一些案例，如邮件合并、长文档目录生成，数据的排序、筛选、分类、汇总等都非常贴近日常生活，易理解、操作简便，很容易引起学生的兴趣。

四、教学策略

在两次课堂教学中，一次采用线上自主学习的形式，即以学生为主体、项目为主导的教学形式；另一次采用案例教学形式，以教师为主导、学生为主体的常规教学形式。

在线上自主学习阶段，先安排学生在 MOOC 平台上自主学习数据处理相关知识，理解数据处理的方法、数据处理的过程；然后让学生将主教材第 5 章的前 2 段文字内容通过不同方式采集，并将其转换成 Word 文档进行编辑、排版、输出，再将 Word 文档转换成 PDF 格式。通过实践操作，加深学生对数据输入、存储、处理、输出等处理过程的理解。

为了达到课堂最佳效果，授课过程注重使用通俗易懂的讲述语言及简洁明了的操作指导技巧，多措并举激活学生思维。了解学生对基本知识的掌握情况并进行课前测验，以测促学；在授课期间，教师讲解课程内容、讨论课前测验结果，并着重对易错知识点进行讲解。

在常规授课阶段采用翻转课堂的方式，要求 3～5 名学生随机组成小组，共同完成相关实验操作，并采用随机抽签的方式，由选中的组、选中的学生对实验关键知识点进行讲解，并由教师进行点评。其他小组负责从演讲能力、作品质量、对他人的帮助等角度对讲解的小组进行打分。

五、教学环境及资源准备

（1）大学计算机基础 SPOC 课程。

（2）操作文件。

（3）PPT 课件。

（4）案例视频：《超级工程Ⅲ》中的“第三集　交通网络——地图采集车”。

六、教学支架

要求学生观看视频《超级工程Ⅲ》中的“第三集　交通网络——地图采集车”，并准备三张白纸做好记录。

（1）在第一张白纸上记录视频中的地点及主要信息。

① 视频中的隧道在什么地方？

② 视频中的数据是通过什么设备采集的？

③ 采集车每天能采集多少公里的数据？

④ 采集车一次外出要多少天？

⑤ 世界上最长的高海拔隧道在哪里？

⑥ 采集隧道的数据需要多长时间？

⑦ 地图采集车采集的数据最后传送到哪里？

⑧ 数据采集所在的隧道与接收数据的地方相距多远？

⑨ 采集车采集的数据经处理后需要多长时间出现在地图上？

⑩ 在公路通车当天，采集车采集的数据通过网络需要多长时间传到手机上？

（2）在第二张白纸上记录同一个时间轴上从隧道数据采集到处理结束、结果呈现的时间节点，将采集、处理过程采用的设备整理到对应的时间节点上，并用流程图画出整个采集过程。

请在百度上查询如果用人工采集的方式，那么采集相同的隧道长度、海拔高度，从采集到显示结果需要多长时间，需要多少人来完成？

（3）在第三张白纸上写出以下问题的答案。

① 什么是数据？

② 什么是数据处理？

③ 请举例说明数据处理对生活、工作的影响。

七、教学过程

本次课程的教学过程如下：

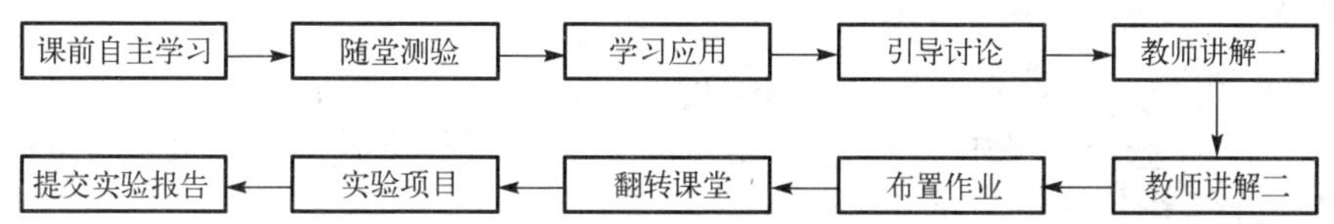

（1）课前自主学习（35 分钟）：学生在中国大学 MOOC 平台 SPOC 课程中学习“数据处理与呈现”。

（2）随堂测验（5 分钟）：学生完成相应的测验题，教师针对学生在学习测验中的错误进行提问、讨论、分析、总结。

（3）学习应用（10 分钟）：将第 5 章的前 2 段文字内容通过不同方式输入，并将该内容转换成 Word 文档进行编辑、排版、输出，再将 Word 文档转换成 PDF 格式。了解数据处理及结果呈现的主要过程。

（4）引导讨论（15 分钟）：播放相关数据采集与处理的视频，引导学生讨论生活中其他数据处理的案例。

（5）教师讲解一（30 分钟）：教师讲解电子文件的创建和编辑、格式化与排版、表格和图文混排、电子文件的呈现方式、电子文件中的数据处理等内容。

（6）教师讲解二（40 分钟）：教师讲解电子表格基础、数据的计算、数据的管理、数据的分析等内容，通过案例演示 Excel 数据输入、处理、分析的操作。

（7）布置作业（2 分钟）：教师布置翻转课堂讨论题目和实验项目作业。

（8）翻转课堂（15 分钟）：3～5 名学生自由组成一个小组，采用随机抽签方式，由选中的组、选中的学生对重点知识点进行讲解，讲解及演示时间为 8 分钟，教师点评为 2 分钟。其他小组负责从演讲能力、作品质量、对他人的帮助等角度对讲解的小组进行打分。

（9）实验项目（30 分钟）：要求学生在课堂中完成实验子项目 5-1。

（10）提交实验报告（2 分钟）：学生按要求提交实验报告。

八、评价和总结

本次课程讲解数据的概念及数据处理的方法。通过对本次课程的学习，对数据的处理、数据的处理方法及数据的处理工具有了初步的认识，将进一步提高学生利用计算机对数据进行采集、编辑、计算、管理、分析及呈现的能力，并让学生对数据应用的价值有更深入的理解，提高学生分析问题和数据表达的能力，帮助学生建立利用数据处理方法和工具解决专业问题的意识，提高学生根据问题选择、使用应用程序和应用开发工具的能力，让学生在以后的学习、工作中养成利用信息技术解决问题的思维习惯。

九、练习巩固

在中国大学 MOOC 平台 SPOC 课程中完成单元测验及作业互评。

混合式教学设计方案样例 3——第 7 章 算法与程序设计

一、教学内容

➢ 课程内容：算法的概念，算法设计的方法，程序设计的基本概念。

➢ 理论教学学时：4 学时；实践教学学时：2 学时。

➢ 重要性：算法是连接用户和计算机的纽带，是计算机求解问题的灵魂，是计算机科学的基础，也是训练学生计算思维的关键。利用计算机解决问题需要算法，首先研究解决问题的算法的自然语言表达，再把算法转化为程序，所以本次课程学习利用自然语言进行算法设计，是使用计算机解决具体问题的一个极为重要的环节。

二、教学目标

（1）掌握算法的概念、算法的表示、常用的排序算法、程序的概念。

（2）理解结构化程序设计的三种基本结构。

（3）了解程序设计的方法与过程。

三、学生基础

本次课程的授课对象都是大学一年级学生，部分学生在中学时接触过算法的概念，但对算法的理解不够深入。另外，在后续的 C 语言课程学习的过程中，少数学生对 C 语言知识的学习不够深入，其根本原因是对算法的理解不够，没有掌握算法的设计方法。本次课程通过完成 4 个计算任务，加深学生对算法的认识，要求学生掌握计算机求解问题的方法与步骤，进一步提高学生的计算思维。

四、教学策略

本次课程分为三个阶段，第一阶段为线上学习，学生根据教师发布的任务单上的引导性问题开展自主学习，并进行独立思考。第二阶段为翻转课堂，学生带着问题进入课堂，通过讲解所学知识的方式表述自己对算法的理解；学生通过对案例的讨论，深入理解算法的概念，掌握算法设计的方法；学生通过计算任务掌握计算机求解问题的方法与步骤。第三阶段为对分课堂，学生通过实验项目将所学知识与本专业结合起来，提高自身对复杂工程问题的求解能力。

五、教学环境及资源准备

（1）大学计算机基础 SPOC 课程。

（2）PPT 课件。

（3）智慧教室。

（4）案例视频：《舌尖上的中国》——蟹黄汤包，《开讲啦》——北京儿童医院倪鑫院长讲解看病流程改革，《购物街》——猜价格（2011 年，第 4 期）。

（5）“棋盘上的麦粒”故事。

六、教学支架

要求学生观看视频《舌尖上的中国》《开讲啦》《购物街》，准备三张白纸并做好记录。

（1）在第一张白纸上记录视频中事件发生的地点及主要信息。

① 你吃过蟹黄汤包吗？

② 视频中的蟹黄汤包是哪里的？

③ 蟹黄汤包的用料以什么为主？

④ 蟹黄汤包的褶皱有多少个？

⑤ 吃蟹黄汤包需要几个步骤？

⑥ 北京儿童医院改革前的看病流程是什么？

⑦ 北京儿童医院改革后的看病流程是什么？

⑧ 改革前与改革后看病流程缩短了多长时间？

⑨ 关于看病流程的改革，选取了多少位病人进行实验对比？

⑩“猜价格”针对的是哪种商品？

⑪ 主持人给嘉宾多长时间猜商品的价格？

⑫ 如果你是嘉宾，你需要多长时间将商品价格猜出来？

⑬ 猜价格的最优方法是什么？

（2）在第二张白纸上分别用文字和流程图的方式写出吃蟹黄汤包的步骤和改革前后北京儿童医院的看病流程。

（3）在第三张白纸上写出以下问题的答案。

① 什么是算法？

② 表述算法有哪几种方法？

③ 常用算法有哪几种？

④ 制作蟹黄汤包的过程体现了一种什么精神？

⑤ 猜价格的最优方法是什么？该方法属于哪一类算法？

七、教学过程

本次课程的教学过程如下：

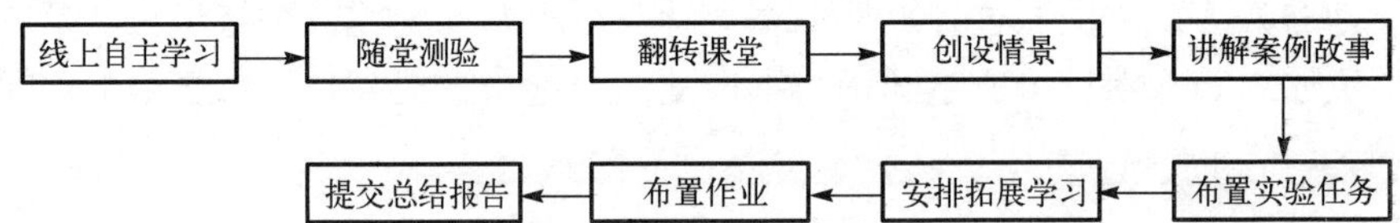

（1）线上自主学习（45 分钟）：学生在中国大学 MOOC 平台 SPOC 课程中学习算法的相关内容。

（2）随堂测验（5 分钟）：教师主要针对算法的相关概念、算法设计的相关概念等内容进行随堂测验。

（3）翻转课堂（10 分钟）：教师随机抽取两名学生讲解对算法的理解；讲解结束后，其他学生可以通过问卷星对两名学生的表现进行评价（2 分钟）。

（4）创设情景（28 分钟）：教师播放《舌尖上的中国》（3 分钟），引出算法的概念；播放《购物街》（15 分钟），引出模拟计算机查找的过程，讨论查找的算法，用自然语言描述查找算法；播放《开讲啦》（10 分钟），引出算法的优化，通过案例讨论算法的优化。

（5）讲解案例故事（35 分钟）：教师讲述“棋盘上的麦粒”故事，引出计算任务，演示计算的过程。

（6）布置实验任务（45 分钟）：教师要求学生分别通过手工、计算器、Excel、C 程序等方式解决“棋盘上的麦粒”问题。首先分组讨论不同方式的计算结果、计算速度、计算误差，然后进行分析、总结，完成实验报告。

（7）安排拓展学习（5 分钟）：要求学生找到一个关于本专业的工程问题，完成提出问题、建立模型、设计算法的过程。

（8）布置作业：教师布置本次课程的书面作业和实验作业（2 分钟）。

（9）提交总结报告（3 分钟）：学生按要求提交总结报告。

八、评价和总结

本次课程讲解算法的相关概念及程序设计的概念，完成“棋盘上的麦粒”的计算。学生初步掌握了算法的概念、常用算法及程序设计的基本方法。

算法包括求解问题的方法与步骤。算法的特点包括有穷性、确定性、有零个或多个输入、有一个或多个输出、有效性。表示算法常用的方法包括自然语言、流程图、N-S 流程图、伪代码、计算机程序语言等。典型的算法包括枚举法、迭代法、回溯法、分治法、递归法、贪心法、动态规划法、排序算法和查找算法等。

程序设计是指利用计算机解决问题的全过程，包括多方面的内容，而编写程序只是其中的一部分。程序设计的一般过程包括 5 个步骤：分析问题，确定数学模型，设计算法，编写、编辑、编译与链接程序，运行与测试程序。

九、练习巩固

在中国大学 MOOC 平台 SPOC 课程中完成本次课程的相关测验。

混合式教学设计方案样例 4 —— 第 9 章 Internet 的服务与应用

一、教学内容

➢ 课程内容：Internet 基础知识及应用。

➢ 理论教学学时：2 学时。

➢ 重要性：当今 Internet 与人们工作和生活息息相关，学会浏览网络信息和使用网络服务，以及通过网络发布和传播信息显得尤为重要。

二、教学目标

（1）了解 Internet 的基本概况及我国 Internet 的发展历程。

（2）了解 Internet 的各种接入技术。

（3）熟悉 IP 地址的分类：A、B、C 三类的地址范围、对应的子网掩码和保留的 IP 地址。

（4）了解域名系统的层次结构、常用的顶级域名。

（5）熟悉 Internet 的基本概念：WWW、HTTP、URL。

（6）了解常用的搜索引擎和使用方法。

（7）熟悉 Internet 的基本服务：Web 浏览、文件传输、电子邮件。

三、学生基础

本次课程的授课对象是大学一年级学生，少部分学生曾经学习过简单的网页制作，但是大多数学生并没有了解过网站背后的网络基础知识。

由于学生每天浏览大量的网站，因此本次课程从学生熟悉的信息浏览开始，讲解网络的基础知识，再深入讲解如何接入 Internet 及使用 Internet 服务，要求学生掌握使用检索工具进行信息浏览和文献检索的方法。

四、教学策略

本次课堂遵循“以教师为主导，以学生为主体”的教学原则，课前安排学生自主学习基本知识。首先，教师进行随堂测验督促学生学习；其次，讨论测验中出现的错误，找到正确答案，帮助学生深入掌握知识；再次，由教师讲解课程内容，期间学生进行实践演示，教师对演示过程进行指导。为了实现课堂的最佳效果，在实践过程中的关键是要激活学生的思维。

五、教学环境及资源准备

（1）大学计算机基础 SPOC 课程。

（2）PPT 课件。

（3）智慧教室。

（4）案例视频：《什么是互联网》《互联网时代》。

六、教学支架

要求学生观看视频《什么是互联网》《互联网时代》，准备三张白纸并做好记录。

（1）在第一张白纸上记录视频中的人物及主要信息。

① 视频中主讲人的身份是什么？

② 视频中，5 个路人针对“什么是互联网”这个问题的答案分别是什么？

③ 互联网是什么的产物？

④ 早期研究互联网的目的是什么？

⑤ 关于“谁负责管理互联网”的话题，5 个路人的答案分别是什么？

⑥ 关于“谁负责管理互联网”的话题，主讲人的答案是什么？

⑦ 视频中主讲人说互联网是如何组成的？互联网的结构是什么？

⑧ 我国第一封 E-mail 是什么时候发出的？

（2）在第二张白纸上写出你所理解的互联网概念，包括什么是互联网？互联网提供了哪些服务？

（3）在第三张白纸上画一个时间轴，在该时间轴上罗列互联网发展的关键事件，并标出我国互联网发展的时间节点。

七、教学过程

本次课程的教学过程如下：

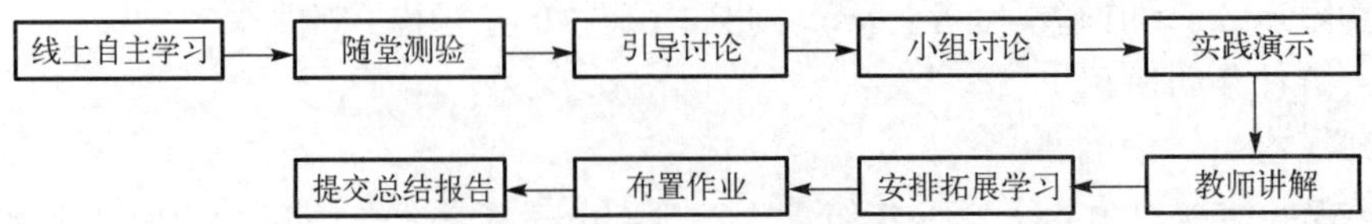

（1）线上自主学习（30 分钟）：学生在中国大学 MOOC 平台 SPOC 课程中学习 Internet 的基础知识，包括 Internet 的基本概念、Internet 的基本服务。在观看 SPOC 视频时做好记录。

（2）随堂测验（5 分钟）：教师主要针对 Internet 的基本概念、搜索引擎、Internet 的基本服务等内容进行随堂测验。

（3）引导讨论（10 分钟）：教师针对随堂测验中出现错误的问题进行提问、讨论、分析和总结，加深学生对知识的理解。

（4）小组讨论（15 分钟）：针对什么是 Internet、Internet 有哪些服务、Internet 是如何连接的等问题进行小组讨论。

（5）实践演示（5 分钟）：随机选择一名学生演示 IP 地址设置的过程。

（6）教师讲解（15 分钟）：教师讲解网络信息安全、信息浏览和文献检索等相关内容。

（7）安排拓展学习（5 分钟）：拓展学习的内容包括 Internet 接入及应用、网络信息安全等。

（8）布置作业（2 分钟）：教师布置本次课程的书面作业和实验项目作业。

（9）提交总结报告（3 分钟）：学生按要求提交总结报告。

七、评价和总结

通过对本次课程的学习，学生初步掌握了 Internet 的基础理论、发展、应用，以及网络信息安全等基本知识；学生能够理解和掌握 Internet 的工作原理；学生能够熟练应用 Internet 提供的各种服务；学生能够了解网络信息安全的常识。对以上知识的学习，为学生学习后续课程奠定基础，同时帮助学生解决生活中、工作中遇到的相关问题。

八、练习巩固

在中国大学 MOOC 平台 SPOC 课程中完成单元测验。

基于问题学习的教学设计方案样例

一、教学内容

第 7 章——算法与程序设计的内容。

二、驱动性问题

计算机是如何解决问题的？

三、教学目标

1. 知识目标

（1）知道人类是如何分析问题、解决问题的。

（2）了解计算机解决问题的基本步骤。

（3）知道人类解决问题和计算机解决问题的异同。

2. 能力目标

（1）培养学生发现知识中蕴涵的规律、方法和步骤，并把它运用到新知识中去的能力。

（2）培养学生调试程序的能力。

（3）培养学生合作、讨论、观摩、交流和自主学习的能力。

3. 情感目标

通过“韩信点兵”这个富有生动故事情节的实例，让学生通过探究、讲授、观摩、交流等环节，体验用计算机解决问题的基本过程，培养学生的自主探索、交流、合作的能力。

四、教学内容分析

“计算机解决问题的过程”是“算法与程序设计”的主要内容，也是使学生学好“算法与程序设计”模块的关键。因此，在设计本节课的内容时，要注重让学生提炼、归纳在人工解题时分析问题、设计算法等的步骤，并把它推广到用计算机解决问题的过程中去。教学中还采用了探究、讲授、演示观察、讨论等多种教学方法。

本节课的教学重点是利用计算机解决问题的过程；难点是理解人类解决问题和计算机解决问题的异同。

五、教学策略

本次课程建议用一个课时，通过探究、讲授、演示、观察、讨论相结合的方法来完成本次课程的学习。教师在教学过程中要注意引导学生关注新知识并进行思考。学生在倾听、反馈和实践过程中建构知识体系。

教学过程的基本步骤为组织教学、导入新课、提出问题、分组讨论和上机实践。通过以上步骤帮助学生巩固旧知识，理解新知识。最后教师对本次课程进行总结并布置作业。

六、教学支架

在进行小组讨论时，每位学生需要准备三张白纸。

（1）用第一张白纸记录问题 1 的讨论内容，在讨论前，需要学生独立思考，并按表 4-5-1 中的要求记录思考结果。小组讨论时分享各自的思考结果，并与同组成员进行讨论，经过讨论后，完善并补充记录表中的内容。提交内容及提交方式：以小组为单位通过雨课堂或学习通平台将小组每位成员的探究问题记录表拍照上传。提交后学生用雨课堂或学习通进行小组互评和个人互评。

表 4-5-1　探究问题记录表

班级：	小组：	组长姓名：
分析问题（）找出已知问题和未知问题，列出已知问题和未知问题之间的关系）	解决问题的步骤	教学结果（教师对学生表现进行评价）

（2）用第二张白纸记录问题 2 的讨论内容，在讨论前，需要学生独立思考，并按表 4-5-1 中的要求记录思考结果。小组讨论时分享各自的思考结果，并与同组成员进行讨论，经过小组讨论后，完善并补充记录表中的内容。提交内容及提交方式：以小组为单位通过雨课堂或学习通平台将小组每位成员的探究问题记录表拍照上传。提交后学生用雨课堂或学习通进行小组互评和个人互评。

（3）用第三张白纸记录学生对“人工求解问题与用计算机求解问题的异同点”这一问题

的思考结果。在讨论前，需要学生独立思考，按表 4-5-2 中的要求记录思考结果。小组讨论时分享各自的思考结果，并与同组成员进行讨论。经过小组讨论后，完善并补充记录表中的内容。提交内容及提交方式：以小组为单位通过雨课堂或学习通平台将小组每位成员的探究问题记录表拍照上传。提交后学生用雨课堂或学习通进行小组互评和个人互评。

表 4-5-2　关于求解问题的方式讨论记录表

班级：	小组：	组长姓名：
求解问题的方式	相同点	不同点
人工求解问题		
用计算机求解问题		

七、教学过程

1. 情景导入

我国汉代有一位大将，名叫韩信。他每次集合部队，都要求部下报三次数，第一次按 1 ~ 3 报数，第二次按 1 ~ 5 报数，第三次按 1 ~ 7 报数，每次报数后都要求最后一个人报告他报的数是几，这样韩信就知道一共到了多少人。他的这种巧妙算法又称为“鬼谷算”“隔墙算”“秦王暗点兵”等。

2. 提出问题

（1）人工解决该问题的过程。

提出问题 1：

今有物不知其数：三三数之余二，五五数之余三，七七数之余二，问物几何？

把全班学生分成 5 个学习小组，每个小组的学生一起探究、讨论问题。利用已学过的数学知识找出题目的已知条件和未知条件、明确已知条件和未知条件之间的关系并写出解题步骤，并将相关内容填入表 4-5-1 中。

给每组 10 分钟的讨论时间，教师在这个过程中深入到各小组中，引导个别小组分析问题，写出解题步骤。教师提问 2 ~ 3 名学生，从中逐渐引导出如表 4-5-3 所示的分析问题和解决问题的步骤，并给出算法的概念。

表 4-5-3　问题 1 的求解步骤表

分析问题（找出已知条件和未知条件、列出已知条件和未知条件之间的关系）	写出解题步骤
设所求的数为 X，则 X 应满足以下条件： X 整除 3 余 2 X 整除 5 余 3 X 整除 7 余 2	（1）令 X 为 1 （2）若 X 整除 3 余 2，X 整除 5 余 3，X 整除 7 余 2，这就是题目要求的数，则记下这个 X （3）令 X 为 X+1（为下一次计算做准备） （4）若算出该数，则结束；否则跳转到步骤（2） （5）写出答案

解释表 4-3 中的步骤（3）“令 X 为 X+1”，并指出它与数学表述形式的区别，然后从上面的解题步骤中总结出穷举的算法。

引出问题 2：“刚才有些学生把题目解出来了，答案是 23，韩信作为大将军，统率的士兵当然不止 23 人，下面我们来解决一个数据量较大的问题。”

提出问题 2：

求整除 3 余 1、整除 5 余 2、整除 7 余 4、整除 13 余 6、整除 17 余 8 的最小自然数。

提问："上面的结果超过 1 万，人工计算要很长时间，在科技发达的今天，你能想到用其他方法解决这个问题吗？"（学生回答用计算机解题。）

给学生 10 分钟时间分析上述问题并写出算法。

（2）计算机解决该问题的过程。

向学生讲授用计算机解决问题同样要经过分析问题、设计算法两个步骤，并在讲授过程中展示人工解题中分析问题和设计算法这两个步骤，填写结果样表如表 4-5-4 所示。

表 4-5-4　问题 2 求解步骤

分析问题（找出已知问题和未知问题、列出已知问题和未知问题之间的关系）	写出解题步骤
设所求的数为 X，则 X 应满足以下条件： X 整除 3 余 1 X 整除 5 余 2 X 整除 7 余 4 X 整除 13 余 6 X 整除 17 余 8	（1）令 X 为 1 （2）若 X 整除 3 余 1，X 整除 5 余 2，X 整除 7 余 4， X 整除 13 余 6，X 整除 17 余 8，则记下这个 X （3）令 X 为 X+1（为下一次计算做准备） （4）若算出结果，则结束；否则跳转步骤（2）。 （5）写出答案。

引出程序设计语言的概念：以上算法是用自然语言描述的，计算机无法读懂，所以必须将其翻译成计算机能读懂的语言，即程序设计语言。与用 C 语言编写的程序进行对比，简单解释变量 X 的作用，并提示学生程序设计语言是以后学习的重点。

（3）演示观察。

教师演示运行调试程序的操作步骤：启动 Visual C++软件，输入编写的程序代码，进行调试，最后得到运行的结果。

（4）讨论交流。

提问："前面我们学习了用计算机解决问题，该方法与人工求解问题有相同点和异同点？填写样表如表 4-5-5 所示。

表 4-5-5　人工求解问题与用计算机求解问题的异同点

求解问题的方式	相同点	不同点
人工求解问题	分析问题、设计算法、得出结果、验算结果等	对题目进行解答、运算速度慢、不需要计算机等
用计算机求解问题		编写程序、调试程序、运算速度快等

（5）教师进行总结、布置实践和练习。根据各小组的讨论结果，总结出人工求解问题和用计算机求解问题的相同点和不同点。

第 5 部分　基于 PBL 的混合式教学评价参考量表

所谓评价就是评定价值的高低，是评价主体依据一定的评价标准，通过系统的调查分析，对评价客体的优缺点和价值进行描述、比较和做出判断的认知过程和决策过程。

教学评价是指对教学工作质量所做的测量、分析和评定，包括对学生学习成绩的评价、对教师教学质量的评价和课程评价。

教学评价分为形成性评价和终结性评价。形成性评价是指对学生学习过程的全面测评，也是对学生的课程学习成果和学习目标的阶段性考核，是课程考核的重要组成部分。形成性评价的功能包括：强化学生的学习效果、改进学生的学习方式、明确学生的学习态度，给教师提供反馈。终结性评价又称为总结性评价、结果评价，是指在某一相对完整的教育阶段结束后对整个教育目标实现的程度做出的评价。该评价以预先设定的教育目标为基准，考查学生达成目标的程度。

混合式教学模式是一种新颖的教学模式，采用在线教学模式与传统教学模式相辅相成的方式，其中传统教学模式的评价标准以考试成绩为主，而混合式教学模式的评价标准包括在线教学的评价标准和传统面对面教学的评价标准。

因为在线教学是由活动引导而进行的教学，所以每部分的学习活动都必须有评价的标准，学生学习前需要明确了解该学习活动评价的标准及评价方式。因为考核方式直接决定了学生是否有意愿进行学习，所以每个协作学习、自主学习等活动都必须有对应的考核标准来促进学生学习。每个活动都有评价标准，有助于学生在线进行学习时及时了解自己的学习情况，同时会在线记录每名学生的每个学习模块的学习进度及达到的标准。这种教学方式既关注了学生的学习过程，又对学生进行了过程性评价，最终线上成绩和线下成绩共同计入期末总评成绩。

在混合式教学过程中，学生参与了更多的教学活动，其教学模式与传统教学模式相比有了极大的改变。混合式教学的多样性和复杂性使学生的学习过程更为具体和细致，并且更加凸显过程评价的重要性。混合式教学模式要求教师不仅要对测试结果进行评价，还应对学生的探究过程和平时表现进行评价。

基于项目学习（Project-Based Learning，PBL）是指在教师指导下，学生采用技术工具（如计算机）和研究方法（如调查研究）为解决面临的问题所采取的探究行动。PBL 要求学生运用已有知识和经验，自己动手操作，在具体真实情境中解决实际问题，进而促进学生综合能力的提高。

PBL 的教学评价一般采取学生自我评价（自评）、学生相互评价（互评）和教师评价（师评）相结合的形式进行，以形成性评价为主、终结性评价为辅，强调对学生整个学习过程的评价。

将 PBL 与混合式教学相结合，能更好地提高混合式教学的效果。本章给出 10 个学习活动的评价量表，目的是方便学生在学习前清楚地了解混合式教学活动的评价标准和评价方式，同时也为实施混合式教学的教师提供评价参考。

10 个学习活动的评价量表分别是：课程考核评价表、定性考核评价表、自我评价表、小组讨论评价表、个人在学习过程中遇到的问题及解决方案评价表、康奈尔大学 PBL 考核标准、小组活动过程中学生对教师的评价表、PBL 过程中教师对学生的评价表、PBL 过程中学生对教师的评价表、翻转课堂答辩评价记录表（基于算法与程序设计），如表 5-0-1～表 5-0-10 所示。

表 5-0-1　课程考核评价表

考核方式	考核项目	权重	评价说明
形成性评价	在线学习	10%	在 MOOC 平台上进行评分
	在线测试	10%	在 MOOC 平台上进行评分
	思维导图+总结报告	10%	教师评分
	课堂表现	10%	利用智慧工具 App 记录学生课堂表现，教师评分
	主题讨论	5%	教师评分、学生自评、小组互评
	实验项目（5 个实验报告）	15%	教师评分、小组互评
终结性评价	期末考试	40%	利用考试系统评分

表 5-0-2　定性考核评价表

项目	评分标准				
	90～100 分	80～89 分	70～79 分	60～69 分	0～59 分
主题讨论	讨论内容符合设置主题，能够围绕主题突出重点，对讨论内容熟悉，语言流畅	讨论内容符合设置主题，能够围绕主题突出重点，对讨论内容熟悉	讨论内容符合设置主题，对主题有一定的研究，对讨论内容熟悉	讨论内容不能围绕主题展开，对讨论内容不熟悉	未参加讨论，参加讨论不发言，讨论准备不充分
微课项目	学生态度认真，完成大部分项目设计且思路清晰，框架结构合理，文献资料运用得丰富恰当，分析问题能力强，工作量较饱满，完成质量高，说明学生具备了一定的科研水平。 PPT 有特色，能够清晰、具体地展示表达内容，答辩时间控制合理，现场回答问题流畅且答案正确，具有较强的创新意识和质疑精神	学生态度认真，完成部分项目设计且思路清晰，框架结构合理，文献资料运用得丰富恰当，分析问题能力较强，工作量较饱满，完成质量较高，说明学生具备了一定的科研水平。 PPT 有特色，能够清晰、具体地展示表达内容，答辩时间控制合理，现场回答问题流畅且答案正确	学生态度认真，完成部分项目设计且思路清晰，框架结构合理，文献资料运用恰当，有一定分析问题的能力，工作量较饱满，较好地完成项目设计的相关任务。 答辩时间控制较合理，能够现场回答部分问题	学生态度认真，完成部分项目设计且思路清晰，框架结构合理，文献资料运用较恰当，有一定分析问题的能力，工作量较饱满，完成项目设计的相关任务。 PPT 制作粗糙，答辩时间过短或过长，现场回答问题情况较差	学生态度较认真，完成部分项目设计但思路不清晰，框架结构不合理，文献资料运用不恰当，工作量不饱满，未完成项目设计的相关任务。 PPT 表述不清楚，无法回答现场提问

表 5-0-3　自我评价表

评价项目	0.5 分	0.4 分	0.3 分	0.2 分	0.1 分
1．我会将生活中的实例与讨论案例相结合					
2．我会通过各种途径收集资料					
3．我能判断数据的可靠性					
4．我会分析各类数据，整理后用文字表达					

续表

评价项目	0.5 分	0.4 分	0.3 分	0.2 分	0.1 分
5．我会将资料分析整理后，总结出自己的意见					
6．遇到问题，我会不断分析，直到解决为止					
7．我能与组内成员共同讨论问题，倾听他人意见					
8．我能主动参与，并尽力完成小组分配的工作					
9．我会学习其他组内成员的优点					
10．我能提出引发小组讨论的问题					
总分：					

评价标准如下：

每项最高为 0.5 分，总分为 5 分；请根据实际情况，在适当的位置打"√"。

很好为 0.5 分，较好为 0.4 分，一般为 0.3 分，还可以为 0.2 分，待改进为 0.1 分。

表 5-0-4　小组讨论评价表

<table>
<tr><td>评价人：</td><td colspan="5">评价时间：</td><td colspan="10">学号：</td></tr>
<tr><td rowspan="5">自我评价</td><td colspan="5"></td><td colspan="2">A</td><td colspan="2">B</td><td colspan="2">C</td><td colspan="2">D</td><td colspan="2">E</td></tr>
<tr><td colspan="5">课前准备</td><td colspan="2"></td><td colspan="2"></td><td colspan="2"></td><td colspan="2"></td><td colspan="2"></td></tr>
<tr><td colspan="5">表达交流</td><td colspan="2"></td><td colspan="2"></td><td colspan="2"></td><td colspan="2"></td><td colspan="2"></td></tr>
<tr><td colspan="5">专注程度</td><td colspan="2"></td><td colspan="2"></td><td colspan="2"></td><td colspan="2"></td><td colspan="2"></td></tr>
<tr><td colspan="5">学习收获</td><td colspan="2"></td><td colspan="2"></td><td colspan="2"></td><td colspan="2"></td><td colspan="2"></td></tr>
<tr><td colspan="16">小组成员互相评价</td></tr>
<tr><td rowspan="2">小组成员</td><td colspan="5">观点</td><td colspan="5">表达</td><td colspan="5">倾听</td></tr>
<tr><td>A</td><td>B</td><td>C</td><td>D</td><td>E</td><td>A</td><td>B</td><td>C</td><td>D</td><td>E</td><td>A</td><td>B</td><td>C</td><td>D</td><td>E</td></tr>
<tr><td>成员 A：</td><td></td><td></td><td></td><td></td><td></td><td></td><td></td><td></td><td></td><td></td><td></td><td></td><td></td><td></td><td></td></tr>
<tr><td>成员 B：</td><td></td><td></td><td></td><td></td><td></td><td></td><td></td><td></td><td></td><td></td><td></td><td></td><td></td><td></td><td></td></tr>
<tr><td>成员 C：</td><td></td><td></td><td></td><td></td><td></td><td></td><td></td><td></td><td></td><td></td><td></td><td></td><td></td><td></td><td></td></tr>
<tr><td>成员 D：</td><td></td><td></td><td></td><td></td><td></td><td></td><td></td><td></td><td></td><td></td><td></td><td></td><td></td><td></td><td></td></tr>
<tr><td>成员 E：</td><td></td><td></td><td></td><td></td><td></td><td></td><td></td><td></td><td></td><td></td><td></td><td></td><td></td><td></td><td></td></tr>
</table>

评价方案的内容包括如下内容。

（1）评价目的：衡量学生在小组讨论过程中的表现。

（2）评价内容：将评价内容细化为对观点质量、参与程度和交流技巧的评价。

（3）评价指标：量化等级，弥补模糊性评价。

（4）评价主体：采用自评和互评的方式，评价主体变为学生自己，突破传统的教师评价。

（5）评价使用：在每次讨论后，教师对典型学生进行针对性的指导。在整个学期结束时，将所有的讨论评价表（形成性评价）汇总后反馈给学生。

注意，每项最高为 0.5 分，总分为 5 分；请根据实际情况，在适当的位置打"√"。

很好为 0.5 分，较好为 0.4 分，一般为 0.3 分，还可以为 0.2 分，待改进为 0.1 分。用 A、B、C、D、E 分别表示 0.5 分、0.4 分、0.3 分、0.2 分、0.1 分。

表 5-0-5　个人在学习过程中遇到的问题及解决方案评价表

第*章在学习过程中遇到的问题及解决方案				
小组成员	学习过程中遇到的问题	自我寻找的解决方法	他人提供的解决方法	本章学习结束后问题是否解决
组员 A				□是　□否
组员 B				□是　□否
组员 C				□是　□否
组员 D				□是　□否
组员 E				□是　□否
小组总结				

评价方案包括以下内容。

（1）评价目的：衡量学生自我反思及解决问题的能力。

（2）评价内容：将评价内容细化为提出问题、寻找解决问题的方法和评价问题。

（3）评价指标：量化等级，弥补模糊性评价。

（4）评价主体：采用自评和互评的方式，评价主体变为学生自己，突破传统的教师评价。

（5）评价使用：在每次讨论后，教师对学生进行针对性的指导。在整个学期结束时，将所有的讨论评价表（形成性评价）汇总后反馈给学生。

由本人和小组其他成员提出在学习过程中遇到的问题，然后小组全部成员共同找出解决问题的方法。在单元学习结束后，检查问题是否已经解决，若仍然没有解决，则需要继续查找原因并找到正确的方法。

该评价表中的每项满分均为 1 分，解决问题得 1 分，没有解决问题得 0 分，总分 5 分；请按实际情况，在适当的空格打"√"。

表 5-0-6　康奈尔大学 PBL 考核标准

序号	康奈尔大学 PBL 考核标准	4 分	7 分	8 分	9 分	10 分
1	**基础知识及应用**					
	运用基础知识及课外参考资料的能力					
	整合学习目标的能力					
	课外准备工作					
2	**思考解决问题的能力**					
	发现问题并深层思考问题的能力					
	提出合理的假设					
	探究问题并得出合理的结论					
3	**小组合作和专业态度**					
	口头及书面表达的能力					
	促进带动小组讨论的能力					
	小组合作愉快并尊重小组其他成员					
PBL 考评评语：						

该表主要考查学生在以下几方面的能力。

（1）评估学生的基础知识是否扎实，是否能够灵活运用课本上以及课外阅读所学到的知识，并对复杂问题提出可行的解决方案。

（2）评估学生解决问题的能力和技巧，是否能够找出问题的关键，抓住问题的实质，提出合理的假说，并能够随着项目深入而不断完善方案。

（3）评估学生是否具有团队合作精神和专业态度。

每项最高为 10 分，很好为 10 分，较好为 9 分，一般为 8 分，还可以为 7 分，待改进为 4 分。请根据实际情况在适当位置打“√”。

表 5-0-7 小组活动过程中学生对教师的评价表

1. 教师对上课时间掌握恰当？

□非常同意 □同意 □基本同意 □不同意 □非常不同意

2. 在小组讨论时教师不会对内容进行过多的陈述？

□非常同意 □同意 □基本同意 □不同意 □非常不同意

3. 教师只在关键时刻提醒或提示学生下一步讨论？

□非常同意 □同意 □基本同意 □不同意 □非常不同意

4. 教师能注意到学生之间的互动，并且能给予学生适当的引导？

□非常同意 □同意 □基本同意 □不同意 □非常不同意

5. 教师对课程时间把控及课程进度管控良好？

□非常同意 □同意 □基本同意 □不同意 □非常不同意

6. 我对教师的整体表现，评价为_______分（0～10 分）。

最后请你对教师的教学活动给出具体建议（请具体描述）：

表 5-0-8 PBL 过程中教师对学生的评价表

评价内容	评价说明	评价				
		优 90～100	良 80～89	中 70～79	一般 60～69	差 0～59
对知识的掌握程度	学生能否将知识应用到真实的场景环境中					
批判性思维与解决问题的能力	学生能否想到多元的解决问题途径并从中产出创新的解决方案					
团队协作	学生是否能与同伴共同通过团队合作，设立领导者角色，解决冲突并有效管理项目					
有效沟通	学生是否能做到积极倾听、清晰协作，以及展示具有说服力的演讲					
自主学习	无论在教室内外，学生是否都能通过教师或其他人的反馈来主导自己的学习					
学业精神	学生是否能坚持完成学习任务，并且目标明确，勤奋刻苦					
项目完成情况	学生是否能完成项目的所有计划任务					
总评	总体评价	各项之和平均分				

表 5-0-9 PBL 过程中学生对教师的评价表

序号	评价内容	非常同意 100 分	同意 85 分	基本同意 70 分	不同意 50 分	非常不同意 30 分	平均分数
1	教师对 PBL 的理念清楚						

续表

序号	评价内容	非常同意 100 分	同意 85 分	基本同意 70 分	不同意 50 分	非常不同意 30 分	平均分数
2	教师会适当地鼓励学生的学习动机						
3	教师会适当引导学生进行逻辑思考与判断						
4	教师对课堂时间把控恰当						
5	教师能恰当引导学生进行PBL						
6	教师对 PBL 具有热诚的态度						
总平均分数							

表 5-0-10　翻转课堂答辩评价记录表（基于算法与程序设计）

<table>
<tr><td colspan="8">评价人情况</td></tr>
<tr><td>姓名</td><td></td><td>学号</td><td></td><td>班号</td><td></td><td>小组号</td><td></td></tr>
<tr><td>本人在小组内负责的内容</td><td colspan="7">□ 什么是算法？□ 什么是算法设计？□ 常用算法？□ 什么是程序设计？□ 汇总</td></tr>
<tr><td>被评价小组情况</td><td colspan="3">小组号：</td><td colspan="4">组长姓名：</td></tr>
<tr><td>小组成员</td><td colspan="7"></td></tr>
<tr><td>答辩人姓名</td><td></td><td>学号</td><td></td><td>班号</td><td colspan="3"></td></tr>
<tr><td rowspan="4">评价答辩人展示情况（讲解 10 分钟，回答问题 5 分钟）</td><td>对讲解内容做出评价</td><td colspan="6">提示：讲解是否清晰、重点是否突出、案例引用是否恰当</td></tr>
<tr><td>对展示的 PPT 做出评价</td><td colspan="6">提示：整体是否样式美观、排版是否合理、重点是否突出</td></tr>
<tr><td>对回答的问题做出评价</td><td colspan="6">提示：回答的问题是否准确、完整</td></tr>
<tr><td>对小组合作情况做出评价</td><td colspan="6">提示：小组成员是否分工，是否各尽其责</td></tr>
<tr><td>你提出的问题</td><td colspan="7"></td></tr>
<tr><td>答辩人回答的内容</td><td colspan="7"></td></tr>
<tr><td>你对本次活动的总结评价</td><td colspan="7">提示：你对本次活动的看法、评价、建议。另外，针对教师对本次活动的组织情况，对教师进行评价</td></tr>
<tr><td>说明</td><td colspan="6">首先在此表中填写活动内容；其次扫描右侧二维码，在问卷星平台中填写详细记录；最后拍摄一张答辩人在答辩时的照片上传到问卷星平台</td><td></td></tr>
</table>

附录 A　学情调查问卷

1．目前你有个人计算机吗？[单选题]

○有

○没有

2．你是从什么时候开始学习计算机相关知识的？[单选题]

○小学

○初中

○高中

○没学过

3．你是从什么时候拥有个人计算机的？[单选题]

○小学

○中学

○高中

○进入大学

○目前为止没有，以后会购买

4．你在上大学前学习过本书中的哪些内容？[多选题]

□操作系统

□Word

□Excel

□PowerPoint

□数据库基础

□数制和信息编码

□计算机系统

□计算机网络

□算法与程序设计

□编程 ________________（写出具体软件名称）

□图像处理（如 PS）________________（写出具体软件名称）

□音视频处理（如 Camtasia）________________（写出具体软件名称）

□其他 ________________

5．你在高考后有无计算机相关课程的学习经历？[单选题]

○没有

○有

6．你认为自己上大学前对计算机知识掌握的情况怎么样？[单选题]

○一般，只会打游戏、聊天，遇到问题需要帮助

○很差，属于电脑盲

○大学所学的计算机知识都会，遇到计算机操作问题基本都能解决
○对计算机的实际操作掌握得较好，但对理论知识掌握得不足

7．学习完“大学计算机”课程后，你希望自己哪些能力有所提高？[单选题]
○计算机操作能力
○计算机理论水平
○解决计算机问题的能力
○利用计算机解决专业问题的能力
○玩游戏的能力
○其他________________

8．你认为在“大学计算机”这门课程中所学的知识与中学所学的计算机知识有什么差别？[单选题]
○大学所学的知识在中学很多都没有学过
○大学所学的知识比中学所学的知识更系统、更全面
○与中学所学的知识差不多，但是难度要大一些
○中学基本没学过计算机的知识
○没有差别，基本一样

9．你认为“大学计算机”这门课程的学习内容与你所学的专业有无关系？[单选题]
○没有关系
○有关系
○有一点，但关系不大
○不知道有没有关系

10．在中学阶段，教师有没有采取过翻转课堂的教学方式？[单选题]
○有
○没有

11．你听说过慕课（MOOC）吗？[单选题]
○听说过
○没听说过

12．你知道以下哪些慕课网站？[多选题]
□中国大学慕课
□好大学在线
□学堂在线
□智慧树
□学银在线
□优课在线
□以上都没听说过

13．你听说过 SPOC 吗？[单选题]
○听说过
○没有听说过

14．你在中学学习时使用过以下 App 吗？[单选题]

○雨课堂
○幕课堂
○学习通
○云班课
○课堂派
○用过其他的 App____________
○以上都没用过

15．你的学习目标是什么？[单选题]
○就业
○考研
○保研
○出国
○拿奖学金
○转专业

16．你期望“大学计算机”这门课程的总评成绩为什么等级？[单选题]
○优秀
○良好
○及格
○不及格

17．你的学习习惯是什么？[单选题]
○喜欢一个人静静地看书，独自思考
○喜欢与他人探讨问题，共同学习

18．你的学习方式是什么？[单选题]
○课堂听课学习为主，自主学习为辅
○自主学习为主，课堂听课学习为辅
○课堂学习与自主学习并重

19．你习惯使用以下哪种学习媒介？[单选题]
○纸质教材
○音视频教材
○两者都可以

20．你能接受本门课程开展在线自主学习吗？[单选题]
○能接受
○不能接受

附录 B　几个常用的思维工具

1．韦恩图

韦恩图是用于显示元素集合重叠区域的图示。John Venn 是 19 世纪英国的哲学家和数学家，他在 1881 年发明了韦恩图，如图 B-1 所示。

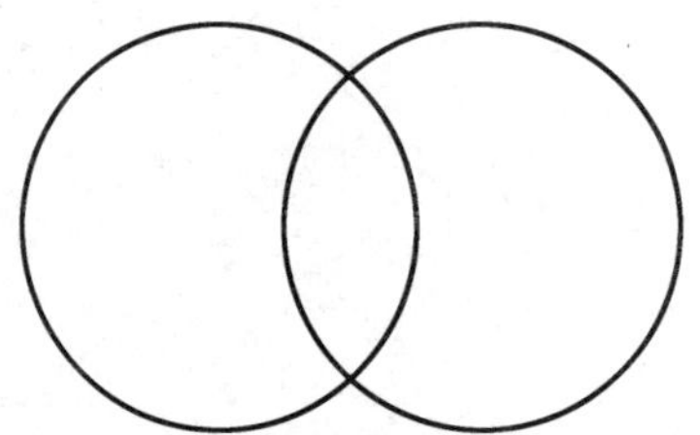

图 B-1　维恩图（英语：Venn diagram）

2．欧拉图

欧拉图（见图 B-2）常用来表示连通关系。通过图的每条边一次且仅一次的回路称为欧拉回路。存在欧拉回路的图称为欧拉图。1736 年，瑞士数学家欧拉（Euler）发表了关于图论的第一篇论文《哥尼斯堡七桥问题》。后来欧拉将哥尼斯堡七桥问题一般化，也就有了后来的欧拉图和欧拉定理。

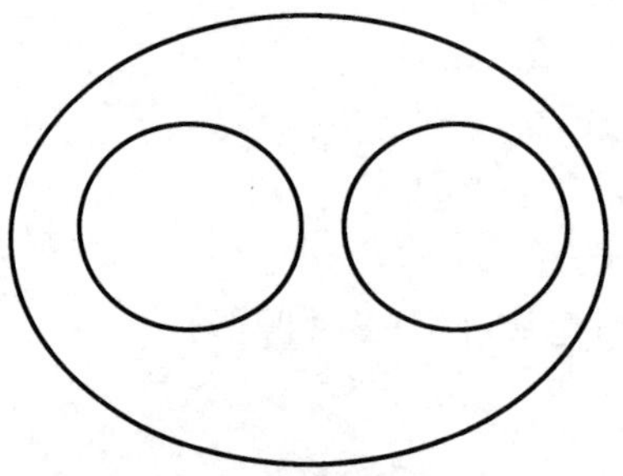

图 B-2　欧拉图

从外观上看，韦恩图和欧拉图似乎没有明显的差别。从应用上看，韦恩图包含的是所有可能的组合，而欧拉图展示的是特定集合之间的联系。

3．思维导图

思维导图（Mind Map 或 Thinking Map）又称为心智图（见图 B-3），是表达发散性思维的有效的图形思维工具，它简单却又极其有效。利用思维导图具有的图文并重的特点，用户可以把各级主题的关系用相互隶属、相关的层级图表现出来，把主题关键词与图像、颜色等建立记忆链接。简单来说，思维导图的作用就是帮助用户理清思路和分析问题。

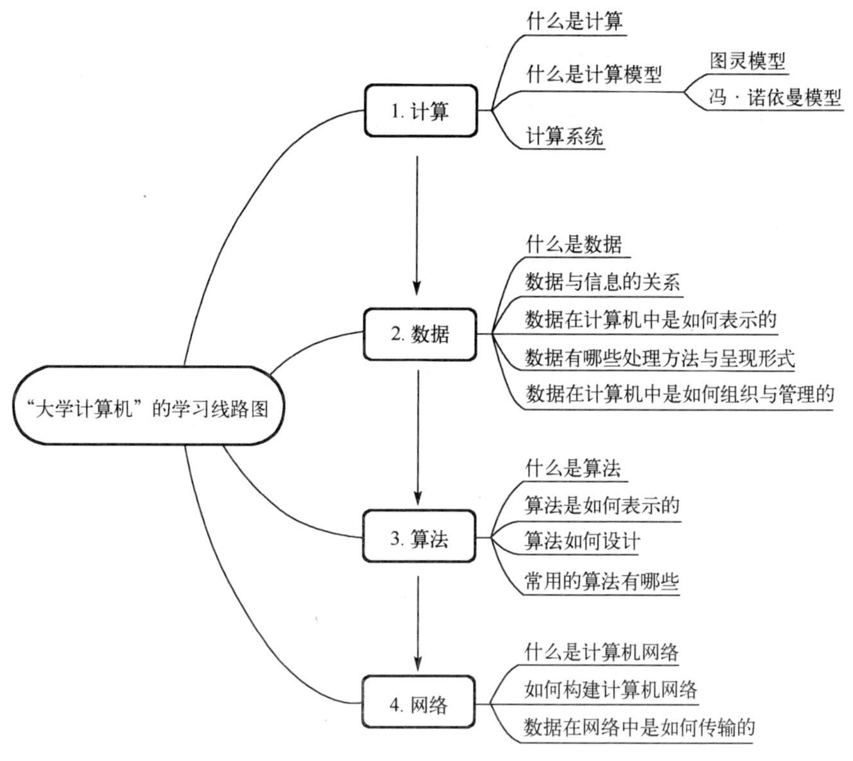

图 B-3 思维导图（学习进阶线路图）

KWHLU 表如表 B-1 所示。

表 B-1 KWHLU 表

K	W	H	L	U
K 代表已经了解的知识	W 代表想要学习的知识	H 代表如何学习知识	L 代表已经学到的知识	U 代表如何在实践中运用知识

学习成效表如表 B-2 所示。

表 B-2 学习成效表

加	减	兴趣
加：通过学习掌握了什么知识？	减：在学习中遇到什么困难？有哪些不懂的地方？	兴趣：还有哪些是自己感兴趣的内容？

附录 C　布鲁姆教育目标分类应用案例及项目安排表

表 C-1 “第 6 章　数据组织与管理”教学内容的分类表

序号	分类	题目	答案
1	记忆	什么是数据结构	
		什么是数据库	
2	理解	为什么要有数据结构	
		为什么要进行数据管理	
		为什么要有数据库	
		Excel 是数据库吗	
3	应用	举例说明数据库在生活中的应用	
4	分析	对于数据处理和管理，Access 和 Excel 有什么区别	
5	评价	数据库对生活有什么影响	
6	创造	学习完数据库后，你能根据自己熟悉的内容创建一个数据库吗？如创建一个学习资料、学习成绩、个人财务管理的数据库	

表 C-2 “大学计算机”微课项目表

项目题目	项目成果呈现	项目评价
1．计算机是如何完成计算的	短视频一个 演示文档一份 设计文档一份 思维导图一份 总结感想文档一份	
2．计算机由哪些部件组成		
3．计算机是如何管理资源的		
4．信息在计算机中是如何表示的		
5．信息在计算机中是如何处理的		
6．数据在计算机中是如何存储的		
7．程序是如何运行起来的		
8．计算机是如何组织与管理数据的		
9．网络是如何连接的		
10．信息在网络中是如何传输的		

附录 D　反思总结表样例

表 D-1　“六问反思报告”

问题	作答要求
1．我学习的亮点和不足分别是什么	与预期目标进行对比，超出预期的为亮点，找出典型例子进行说明；与预期目标进行对比，低于预期的为不足，找出典型例子进行说明
2．我的亮点和不足分别是如何产生的	分析亮点产生的主观原因和客观原因，以及不足产生的主观原因和客观原因
3．我学习到了什么经验	写清楚需要传承的做法、想法；需要改进的做法、想法；需要终止的做法、想法
4．我接下来的计划是什么	建议依据 SMART 原则进行计划
5．我认为本次教学的亮点和不足分别是什么	与我之前学习的课程相比，具体说明
6．我对教师教学的意见和建议是什么	写清楚教师需要传承的做法；需要改进的做法；需要终止的做法

表 D-2　“亮考帮”

主题	内容
亮闪闪	提示：在听课、读书、完成课内作业后，总结出学习过程中自己感受最深、受益最大、最喜欢的内容
考考你	提示：将自己掌握的知识以问题的形式向其他学生提问
帮帮我	提示：将自己不懂的问题总结、概括，在小组讨论时求助其他成员

表 D-3　学习反思表

姓名		学号		班号	
名称		内容		备注	
今天我学到了什么新知识					
给我印象最深刻的内容是什么					
我还有一些问题					
我想了解更多关于某方面的知识					
今天学习的内容与之前学习的内容之间可能存在的联系					
我今天听课的状态怎么样					
其他/建议					

表 D-4　大学计算机课程反思总结表样例

个人信息						照片
学号		姓名		性别		
班号		专业		目标成绩		
学习收获						
本课程让你学到了哪些知识？它们之间有什么联系	列出所学的知识点（如计算机工作原理、进制转换等，建议按章节划分）					
本课程让你提高了哪些操作技能	列出自己提高的操作技能（如 Office 操作技能、数据处理、信息检索、制作微课等）					

续表

学习收获	
本课程提高了你哪些思维能力？掌握了哪些利用计算机解决问题的常用方法	列出自己提高的思维能力（如计算思维、批判性思维、利用计算机解决问题的思维，需要举例说明）
通过对本课程的学习，你的哪些能力得到了提升？获得了哪些学习经验	列出自己提高的素养能力（如自主学习能力、探究学习能力、小组合作能力、表达能力、沟通能力、获取和分析信息能力等）
在混合学习中你获得了哪些学习技能？这些技能对本课程及其他课程学习是否有帮助	
学习反思	
对自己的学习态度、学习方法、学习过程、行为感觉有什么问题或不满意的地方，希望自己在哪些方面进行改进	
你认为自己在哪些方面做得比较好？并继续保持	
你认为班级里有哪些优秀的同学值得你学习，他们有什么优点	
在对本课程的学习过程中，你遇到了哪些困难和挑战	
教学建议	
你认为本课程的教学方法、课堂活动有哪些方面需要改进	混合式教学的安排、课堂教学活动设计哪些值得保留，哪些需要取消？请提出建议
你对信息技术在教学中的应用有什么看法和建议	请你分析本课程采用的信息工具及 SPOC 平台、雨课堂的作用
思维导图	
请以本课程的三个核心知识点为基础画出思维导图（建议用绘图软件进行绘制） 在图上写清楚自己的学号和姓名	计算、数据、算法 若表格较大，可另附页 根据以下样图，对本课程知识点进行扩展 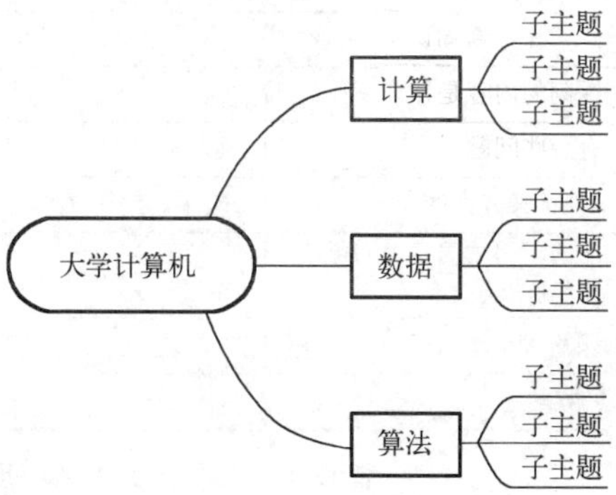 大学计算机 计算：子主题、子主题、子主题 数据：子主题、子主题、子主题 算法：子主题、子主题、子主题

附录 E　探究式教学架构

探究式教学（Hands-on Inquiry Based Learning），又称做中学、发现法、研究法，是指学生在学习概念和原理时，教师只为他们提供一些事例和问题，让学生自己通过阅读、观察、实验、思考、讨论、听讲等途径去主动探究、主动发现并掌握相应的原理和结论的一种教学方法。探究式教学的指导思想是在教师的指导下，以学生为主体，让学生自觉地、主动地探索，掌握认识和解决问题的方法和步骤，研究客观事物的属性，发现事物发展的起因和事物内部的联系，并从中找出规律，总结、归纳形成概念，建立自己的认知模型和学习方法的架构。探究式教学以解决问题为中心，注重学生的独立活动，着眼于对学生思维能力的培养。

时长约为一个小时的课堂探究活动流程如图 E-1 所示。

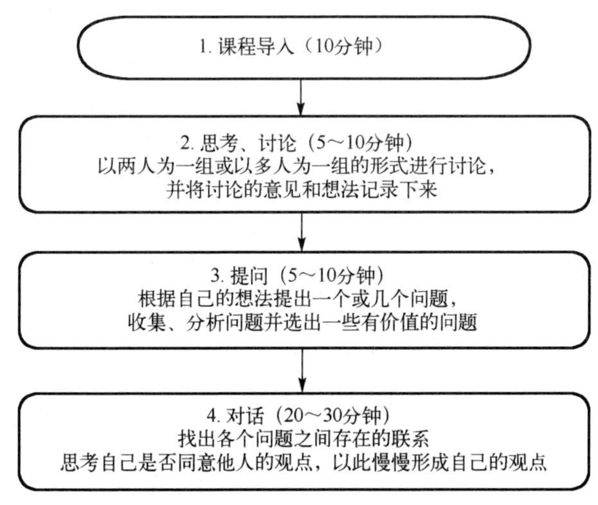

图 E-1　课堂探究活动流程

附录 F　基于 BOPPPS 教学模式的教学活动设计样例

本次教学活动以“第 7 章　算法与程序设计”的内容进行设计，其中“算法的基本概念”这一节，立足于用自然语言描述解决问题过程中的明确顺序，这一节也是学习程序框图、程序语言的基础。

算法是连接人和计算机的纽带，是计算机科学的基础，也是训练学生计算思维的关键点。利用计算机解决问题需要算法，首先研究算法的自然语言表达，再将算法转化为程序，所以学习用自然语言进行算法设计是使用计算机解决具体问题的一个极为重要的环节。

教学过程采用 PBL 与 BOPPPS 融合的教学模式，线上采用基于问题的学习，让学生独立思考、发现问题，并开展提出解决问题方案的探究学习。线下采用基于项目的学习和 BOPPPS 融合的教学模式。

BOPPPS 教学模式源于加拿大的教师技能培训，是一种以教学目标为导向、以学生为中心的教学模式，它由导言（Bridge-in）、学习目标（Objective/Outcome）、前测（Pre-assessment）、参与式学习（ParticipatoryLearning）、后测（Post-assessment）和总结（Summary）6 个教学环节构成。BOPPPS 名称是由这 6 个教学环节的英文单词的首字母构成的。BOPPPS 是教师进行教学设计及课堂组织教学的一种有效模式。

根据教学过程的基本规律，本次教学通过 1 个蟹黄汤包、1 个故事、1 组数据、1 个视频、2 个游戏、4 个任务深入浅出地讲解算法的概念、算法的表示、常用算法、算法的实现等内容。

教师演示结束后，学生根据布置的 4 个任务进行练习。

根据布鲁姆教育目标分类法，学生通过以下活动达到记忆、理解、应用、分析、评价、创新的学习目标。

（1）学生根据任务单完成线上学习任务，并进行独立思考问题、发现问题，达到记忆、理解的目的。

（2）学生分别用手工、计算器、Excel、C 程序等方式计算“棋盘上的麦粒”问题；掌握计算机求解问题的方法，达到应用、分析的目的。

（3）分析对比不同的排序算法，评价不同算法的优劣，达到评价的目的。

（4）课后解决“汉诺塔”问题，画出算法流程图，巩固关于算法的知识。将相关知识点做成微课，并选择其中优秀的微课作品参加“中国大学生计算机设计大赛”，达到创新的目的。

本次教学活动的具体安排如表 F-1 所示。

表 F-1　基于 BOPPPS 教学模式的教学活动设计实施表

教学环节	教师活动	学生活动	达成目标	时间分配（分钟）
进入课堂	教师利用雨课堂扫码开启课堂模式	学生扫码进入课堂	完成签到	课前完成

续表

教学环节	教师活动	学生活动	达成目标	时间分配（分钟）
课前测验	教师利用雨课堂推送“算法的基本概念”测试题	 学生完成测验题	检测学生课前学习情况	5
课程导入	视频引入:《舌尖上的中国》——蟹黄汤包	观看吃蟹黄汤包的视频	通过视频引入算法的概念	1
	吃蟹黄汤包的“算法”如下: （1）将蟹黄汤包从蒸笼中轻轻拿出 （2）将蟹黄汤包放到面前的小碟子中 （3）在蟹黄汤包的正上方咬开一个小口 （4）通过小口吸食蟹黄汤包中的汤 （5）将蟹黄汤包送入嘴中 （6）完成	 回答问题: 吃蟹黄汤包的步骤是什么	将算法与生活联系起来，激发学生进一步学习算法的热情	2
	算法的概念: 算法是指为解决问题而采取的方法和步骤。 在程序设计中，算法是一系列解决问题的指令	自主结合视频，掌握算法的概念，体会算法的思想	掌握算法的概念	4
教学过程	**关于算法的描述** （1）自然语言 （2）流程图 （3）N-S 结构图 （4）伪代码 （5）计算机语言	小组  讨论累加和算法的描述方法，掌握算法描述的方法	学习算法的自然语言描述	10
	算法的描述案例 （1）用自然语言描述 1+2+3+4+5 的算法 （2）完成课堂练习题		掌握用自然语言描述 1+2+3+4+5 的算法	
	案例 1：从 N 个数中找出最大值 假如你的大脑是一台计算机，那么从下列数列中找出最大值： 78，56，69，31，36，67，31，47，69，34，45，74，61，82，43，41，76，79，81，66，54，50，76，51，53，28，74，39，45，61，52，41，43，75，78，84，72，51，43，64，75，81，69，55，74 你是怎么做的？ 你做了哪些动作？ （1）在大脑中使用了一片存储空间存放输入的数字 （2）假设第一个数为最大值，那么使用另一个存储空间存放“最大值” （3）按照顺序依次将“存储空间中的数字”与“最大值”进行比较，并重复以下操作 ① 比较“存储空间中的数字”与“最大值” ② 如果“存储空间中的数字”大于“最大值”，那么将“最大值”替换成“存储空间中的数字” ⑥ 如果“最大值”与其他数字都进行了比较，“最大值”仍然为最大，那么输出“最大值”	 体验计算机程序的优点、做事的高效性。感受计算机运算速度优于人脑运算速度的优势	过渡到程序代码的编写，消除学生的畏难情绪	5

续表

教学环节	教师活动	学生活动	达成目标	时间分配（分钟）
	注意，以上操作包括输入、输出、循环、判断、选择、赋值			

教学过程	计算机是怎样解决寻找最大值问题的？计算机做了哪些动作？
	`#include<stdio.h>`
	`int main()`
	`{ int number[45]={78, 56, 69, 31, 36, 67, 31, 47, 69, 34, 45, 74, 61, 82, 43, 41, 76, 79, 81, 66, 54, 50, 76, 51, 53, 28, 74, 39, 45, 61, 52, 41, 43, 75, 78, 84, 72, 51, 43, 64, 75, 81, 69, 55, 74} ;`
	`int i, max=78;`
	`for(i=1;i<45;i++)`
	`{ if(number[i]>max)`
	`max=number[i];`
	`}`
	`printf("The Maximal Number is%d:", max);`
	`return 0;`
	`}`
		（1）理解数据交换的方法，编写实现数据交换的程序代码
		（2）尝试使用 if 语句实现赋值运算
		（3）尝试使用 for 语句实现基本循环
		（4）运行程序，验证结果
			基本实现求最大值的程序编写	9

	案例 2：棋盘上的麦粒（1 个故事） 用数学的方法解决问题 （1）分析问题：根据已知条件分析问题 （2）按相关方法与步骤，列出表达式，然后进行计算。如 $2^0+2^1+2^2+2^3+\cdots+2^{63}$=? 利用计算机解决问题（1 个演示） （1）分析问题：根据问题选择合适的软件，如 Excel 等 （2）用特定的计算机程序来解决问题	了解利用不同方法解决同一个问题的过程 了解分别用数学公式、计算器、Excel、程序求解“棋盘上的麦粒”问题的 4 种数据处理方法	解决问题，理解算法的概念，了解利用计算机求解问题的方法	10
	案例 3：算法的优化（1 个视频）	感受算法在生活中的应用	通过看病流程引出算法优化的概念	5
	案例 4：经典算法——排序（1 个游戏）	利用雨课堂随机抽取 6 名学生参与对冒泡排序和选择排序的演示，其他学生观看演示过程	通过角色扮演，帮助学生理解冒泡排序法和选择排序法的思想	10
	案例 5：经典算法——二分法（1 个游戏）	利用雨课堂随机抽取一名学生上台模仿央视节目幸运 52 猜价格的游戏，其他学生观看猜价格的过程	通过参与猜价格游戏深入理解二分法查找的思想	5
讨论练习	（1）用自然语言描述 1+2+3+…+100 的算法 ① 通过对问题的分析，找出数学公式的规律 ② 得到公式：sum=sum+i （2）与求解“棋盘上的麦粒”问题的公式进行比较，探究两者的异同，寻找求累加和的规律 $2^0+2^1+2^2+2^3+\cdots+2^{63}$=?	学生小组讨论问题，并回答相关	在学生回答问题的基础上，引导学生进行归纳：与解决问题的一般方法相比，算法具有有序性、明确性、有限性等特点	5

续表

教学环节	教师活动	学生活动	达成目标	时间分配（分钟）
课堂作业练习	任务一：利用数学公式计算棋盘上的麦粒个数 任务二：利用计算器计算棋盘上的麦粒个数 任务三：利用 Excel 计算棋盘上的麦粒个数 任务四：利用程序计算棋盘上的麦粒个数	学生分别用 4 种方法计算棋盘上的麦粒个数。通过雨课堂的“投稿”功能将计算结果拍照上传	通过 4 个任务的层层递进，掌握计算机求解问题的方法与步骤	15
总结迁移	今天我们学习了算法的概念及算法的描述方法，通过具体实例了解算法的含义，明确算法的基本特征（有序性、明确性、有限性）。要求学生能用自然语言写出解决具体问题的算法步骤。学生表现得都很好	 回顾今天的学习过程，体会算法的原理及算法的设计方法	巩固课堂讲授的知识	1
课堂评价	推送“问卷调查”二维码	扫描二维码，回答问卷上的问题	对本次课程进行评价	3

附录 G 学生对“大学计算机”课程的学习反思总结摘录

一、本课程让你学到了哪些知识，这些知识之间有什么联系？

2021 级机械专业郑同学：

首先，从课程名称上来说，我们学习了什么是计算机、什么是计算思维、什么是计算，这是每个刚刚接触计算机学科的学生的入门知识。既然学习了计算机，那么计算机中必然存在系统，所以我们接着学习了计算机系统概述，包括硬件系统和软件系统，我了解到硬件系统和软件系统是相辅相成的，两者有着亲密的合作关系。在了解计算机系统后，我们就要学习怎样去操作计算机系统，所以接着学习了操作系统的基础知识，知道了操作系统的主要特征、分类特点、发展过程（手工操作→管理程序→操作系统），还知道了一些操作系统，如 DOS、Windows、UNIX 等。在计算机中，信息是很重要的一个组成部分，于是信息与编码是我接下来了解的部分，编码是计算机与人之间传递信息的方式，信息是数据的含义，数据是信息的载体。了解完数据，我便继续学习数据的处理与呈现及组织与管理。学习了必须将数据转换为二进制数才能存入计算机；学习了信息技术的分类、应用、作用、信息的存储及存储设备结构等，以及如何合理的应用数据。然后我又学习了算法，简单来说，算法就是某种意义上的流程，卢老师用蟹黄汤包的例子生动形象地向我们展示了什么是算法，这个例子给我留下了非常深刻的印象。算法是为编程服务的，它就像加减法，将数字串联起来。最后我又学习了计算机网络、Internet 的服务与应用等内容，让我的知识面更加丰富。

2021 级机械专业李同学：

首先我明白了计算机的发展过程及其概念，体会图灵、冯·诺依曼等人在计算机方面的伟大贡献。学习了计算思维及其在行业中的作用和重要性，云计算、大数据、物联网改变了我们的生活。

我深深感受到计算机硬软件系统共同工作的“智慧”，也常常苦思于算法指令的执行过程，计算机的五大部件缺一不可，彼此相依。

操作系统是计算机的“灵魂”，在计算机系统中起着举足轻重的作用。操作系统从无到有，让每个不懂计算机的人，得心应手地使用它。操作系统有层次分明的管理结构，如 Windows、Linux 等。

信息无穷无尽，存在于生活的方方面面。数据的组合形成了信息，信息的编码更是从无到有的质变。数据处理的方法有很多，在文件的创建、编辑和输出过程中起着极大的作用。

庞大的数据带来了数据库，引出了大数据的概念，人们掌握了对数据库的开发、建立、管理、维护、查询的方法，充分利用数据库的特点，将数据库的作用发挥到极限。

我想将算法与程序设计称为最美的语言设计。一切计算都离不开程序，程序设计影响并改变着我们的生活。

计算机网络需要媒介，在计算机网络下我们无形却又那么可见。Internet 的 IP 地址让不法用户无可遁形。

二、通过对本课程的学习，你提高了哪些操作技能？

2021 级机械专业蒋同学：

我的 Office（Word，PowerPoint，Excel，Access）操作技能有所提高。另外我选了微课作业，在制作微课的过程中对视频剪辑软件的操作有了一定了解，更加熟悉了计算机的操作系统，能够很好地管理计算机的资源。另外，对计算机理论知识掌握得更深入。

2021 级机械专业周同学：

（1）Excel 操作技能：现在习惯使用各种表格及数据筛选功能去呈现数据。

（2）Access 操作技能，我从没听过这个软件的“小白”变成一个能自己创建数据库并能进行基础操作的“入门者”。

（3）程序设计技能：能根据问题本身去设计程序，选择相应的软件去解决问题。

（4）计算机操作技能：能独立解决计算机出现的一些小问题，如死机、断网、没声音等。

（5）利用互联网查找资料的技能：从只会使用百度搜索，到现在能根据具体问题选择查找资料的具体渠道，并根据实际情况汇总和整理结果。

三、通过对本课程的学习，你提高了哪些思维能力？你掌握了哪些使用计算机解决问题的常用方法？

2021 级机械专业蒋同学：

通过对本课程的学习，我的类比思维得到了显著提高。学习完计算机的相关知识，我发现很多知识都能从生活中的某些事找到相通点。用类比的方法可以让知识变得更简单。如计算机中”栈”的概念，可以根据它的英文单词，有堆叠、叠加的意思，可以类比生活中堆放东西，先堆的东西放在下面，后堆的东西在上面，才有了”后进先出”的规律。又如可以将“队列”与生活中的排队进行比较，即先进先出。又如可以将计算机中的垃圾与生活中的垃圾进行比较。又如可以把计算机的工作过程与在餐厅中做菜进行比较，餐厅就是计算机，餐厅的食材仓库就是主存，燃气灶就是 CPU，菜单就是数据的输入。

2021 级机械专业周同学：

通过对本课程的学习，我的计算思维和软件使用思维得到了显著提高。

（1）计算思维：学会将复杂问题分解成简单的问题。计算思维帮助我解决学习和日常生活中遇到的问题。我在新冠肺炎疫情期间作为物资运输的志愿者，会面对长长的物资单子，如果是以前我可能会束手无策，但是现在的我能利用计算思维解决问题，先数清楚每层楼的物资数量，然后再根据房间号进行分发。

（2）软件使用思维：以前的我在处理不同问题时，一般都会采用自己擅长的相同方法，没有根据具体问题进行具体分析。现在的我在学习“机械制图”课程时，会根据不同问题选择合适的软件，如当我想象不出三维模型时，我会使用 Solidworks 进行绘图；当我知道物体的两种视图要画物体的第三视图时，我会使用 Auto CAD 进行绘图。

四、通过对本课程的学习，你的哪些能力得到了提升？以及你获得了哪些学习经验？

2021级机械专业蒋同学：

通过对本课程的学习，我提高了自主学习能力、获取和分析信息能力、小组协作和沟通的能力。由于课上时间有限，很多知识在课上无法吸收，并且课后容易遗忘，所以自学能力就显得尤为重要，对于一些没听懂的知识，课后我会先查看教材，如果还没弄懂，我就会观看SPOC平台上的视频，或者在B站、慕课上查找相关资源，这不仅提高了我的自主学习能力，还提高了我的获取信息的能力。对于相关信息，可以查看相关评论，并分析信息是否可靠。本课程的很多作业都需要小组合作完成，需要分工、讨论、合作，在完成任务的过程中，提高了我的合作能力，也让我认识了更多的同学，结识了新的好友。

我的学习经验：大学不能只为了完成教师布置的作业而学习，其目的应该是不断学习，在完成作业过程中要不断学习新知识，要明确学习是自己的事。另外，因为在完成计算机作业时，很容易出现错误，且无法发现其中的原因，有时可能无法进行下一步的操作而耽误一两个小时，真的很考验心态，这时候一定要静下心来，认真思考，逃避解决不了问题，要通过自己的不断尝试，查找错误，最终将问题解决。

五、在混合式教学过程中你获得了哪些学习技能？这些技能对本课程及其他课程的学习是否有帮助？

21级机械专业蒋同学：

混合式教学将线下教学与线上教学结合起来，使两者优势互补，这样可以获得最佳的学习效果。在混合式教学过程中，通过翻转课堂让学生自己当教师，利用费曼学习法让学生对知识的理解更加深入，学生课堂的参与度更高。同时让我学会了换位思考问题，更加善于动脑，翻转课堂不仅是一次授课，更是一次辩论。混合式教学方法具有普适性，这种教学方法实施到画法几何的课程中效果也会很好，既能让学生掌握理论知识，还能掌握软件的应用。

六、在微课项目学习中，你有哪些收获？

21级机械专业周同学：

通过本次实验项目的微课制作，我深刻体会到微课制作人员的不易，也让我更加了解动画制作技术。网络给我们带来了很大的便利，微课的出现丰富了教师的教学方式，同时也丰富了我们的学习方式，让我们能够在短时间内对某个知识点有一个全面的了解。

我也明白，只有自己亲身去经历、去尝试，才知道自己行不行。开始时纠结于自己是否有能力完成微课的制作，当自己去尝试完成时，才觉得它是可执行的、可实现的。在制作微课过程中，需要自己去搜索大量的素材，这也使得我主动搜索获取素材的更多渠道，这些素材搜集渠道将会是我的宝贵财富。我敢于尝试，尝试使用之前没有使用过的网站、软件，来完成微课的制作。通过这次微课的制作，也让我更加敢于挑战自己。

没尝试之前总是觉得困难，经历过、尝试过才会有不一样的感受与体会。只要我们想做到、想做好，那我们就能做到。之后，我会完善自身多方面的知识素养，全方位提高自身能力。

参 考 文 献

[1] 龚沛曾，杨志强. 大学计算机上机实验指导与测试（第 7 版）[M]. 北京：高等教育出版社，2020.

[2] 李凤霞，陈宇峰，史树敏. 大学计算机实验（第 2 版）[M]. 北京：高等教育出版社，2020.

[3] 吕橙，万珊珊. 计算思维导论实验与习题指导[M]. 北京：机械工业出版社，2019.

[4] 普运伟. 大学计算机—面向事件与创新能力培养[M]. 北京：人民邮电出版社，2016.

[5] 贺忠花，黄银娟. 大学计算机实验指导与习题集[M]. 北京：电子工业出版社，2020.

[6] 孙淑霞，张利伟. 大学计算机实验指导（第 3 版）[M]. 北京：高等教育出版社，2013.

[7] 白清华，王小燕. 大学计算机基础—学习指导与实训篇（第 4 版）[M]. 北京：电子工业出版社，2012.

[8] 陆军. 大学计算机基础与计算思维实训指导[M]. 北京：中国铁道出版社，2020.

[9] 朱敏，陈黎，李勤. 计算机网络课程设计[M]. 北京：机械工业出版社，2019.

[10] 王磊. 计算机教学情景案例设计与分析[M]. 北京：清华大学出版社，2019.

[11] 张冬梅，刘远兴. 基于 PBL 的 C 语言课程设计及学习指导[M]. 北京：清华大学出版社，2011.

[12] 张佰慧，樊建文. C 语言程序设计—项目教学教程[M]. 西安：西安电子科技大学出版社，2019.

[13] 黄钢，关超然. 基于问题的学习（PBL）导论[M]. 北京：人民卫生出版社，2019.

[14] 夏雪梅. 项目化学习设计[M]. 北京：教学科学出版社，2021.

[15] [美] 苏西・博斯（Suzie Boss）. 项目式教学：为学生创造沉浸式学习体验[M]. 周华杰，译. 北京：中国人民大学出版社，2020.

[16] [美] 特里・汤普森（Terry Thompson）. 支架式教学：培养学生独立学习能力[M]. 王牧华 等，译. 重庆：西南师范大学出版社，2019.

[17] [英] 安德鲁・波拉德.反思性教学：一个已被证明能让所有教师做到最好的培训项目[M]. 张蔷蔷，译. 北京：中国青年出版社，2017.

[18] [英] 萨拉・斯坦利. 探究式教学：让学生学会思考的四个步骤（教师的探究式思维培养手册）[M]. 郑晓梅，译. 北京：中国青年出版社，2020.

[19] [英] 哈利・弗莱彻・伍德. 基于问题导向的互动式、启发式与探究式课堂教学法[M]. 北京：中国青年出版社，2019.

[20] 陈向明. 参与式学习[M]. 北京：教育科学出版社，2021.

[21] 王天蓉等. 问题化学习[M]. 上海：华东师范大学出版社，2021.

[22] [美] 阿卡西娅・M・沃伦. 跨学科项目式教学：通过“+1”教学法进行计划、管理和评估[M]. 孙明玉，刘白玉，译. 北京：中国青年出版社，2020.

[23] [美] 理查德・E・梅耶. 应用学习科学——心理学大师给教师的建议[M]. 盛群力，丁旭，钟丽佳，译. 北京：中国轻工业出版社，2016.

[24] 董毓. 批判性思维十讲[M]. 上海：上海教育出版社，2019.

[25] 管恩京. 混合式教学有效性评价研究与实践[M]. 北京：清华大学出版社，2018.

[26] [加] D・兰迪・加里森（D.Randy Garrison）. 高校教学中的混合式学习框架、原则和指导[M]. 丁研等，译. 上海：复旦大学出版社，2019.

[27] 皮连生. 教学设计（第 2 版）[M]. 北京：高等教育出版社，2018.

[28] [美] 格洛里亚·芬瑞得（Gloria Frender）. 学会学习[M]. 明月，译. 北京：电子工业出版社，2016.

[29] [美] 迪伦·威廉. 融于教学的形成性评价（原著第 2 版）[M]. 王少非，译. 南京：江苏凤凰科学技术出版社，2021.

[30] [美] 瑟珀拉·萨哈德奥·特纳，罗伯特·马扎诺. 加工新知：参与学习的方法[M]. 于冬梅，译. 郑州：大象出版社，2018.

[31] [美] 卡拉·摩尔等. 编制与使用学习目标和表现量规：教师如何作出最佳教学决策[M]. 管颖，译. 郑州：大象出版社，2018.

[32] [美] 苏珊·布鲁克哈特著. 如何编制和使用量规 ：面向形成性评估与评分[M]. 杭秀，陈晓曦，译. 宁波：宁波出版社，2020.

[33] [美] 安德森. 布卢姆教育目标分类学（修订版）[M]. 蒋小平 等，译. 北京：外语教学与研究出版社，2009.

[34] [英] 麦克·格尔森. 如何在课堂中使用讨论：引导学生讨论式学习的 60 种课堂活动[M]. 北京：中国青年出版社，2019.

[35] 潘洪建. 有效学习的策略与指导论[M]. 北京：北京师范大学出版社，2015.

[36] 教育部高等学校计算机课程教学指导委员会. 大学计算机基础课程教学基本要求[M]. 北京：高等教育出版社，2016.